U0351100

RESEARCH AND DEMONSTRATION
OF
PURIFYING EUTROPHICATION WATER BY FISHERIES TECHNOLOGY IN LIHU LAKE

蠡湖净水渔业研究与示范

徐 跑 等著

上海科学技术出版社
Shanghai Scientific & Technical Publishers

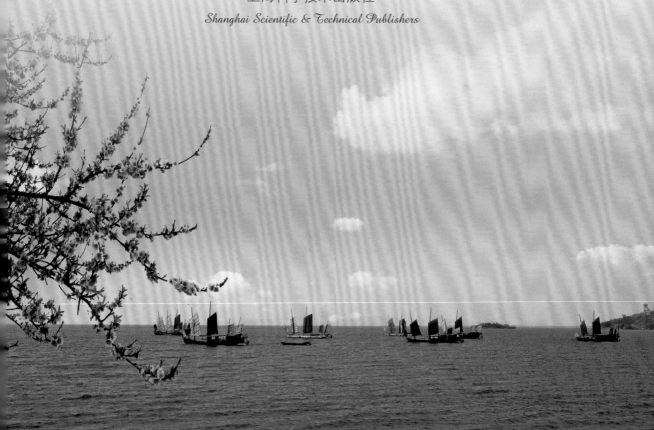

图书在版编目（ＣＩＰ）数据

蠡湖净水渔业研究与示范／徐跑等著. —上海：上
海科学技术出版社，2017.3
ISBN 978-7-5478-3447-3

Ⅰ.①蠡… Ⅱ.①徐… Ⅲ.①太湖－湖泊渔业－研
究 Ⅳ.① S974

中国版本图书馆 CIP 数据核字（2017）第 026806 号

蠡湖净水渔业研究与示范

徐跑等著

上海世纪出版股份有限公司
上 海 科 学 技 术 出 版 社 出版

（上海钦州南路 71 号 邮政编码 200235）
上海世纪出版股份有限公司发行中心发行 200001
上海福建中路 193 号 www.ewen.co
上海中华商务联合印刷有限公司印刷
开本 787×1092 1/16 印张 11.5 插页 4
字数 250 千字
2017 年 3 月第 1 版 2017 年 3 月第 1 次印刷
ISBN 978-7-5478-3447-3/S·154
定价：120.00 元

内容提要

本书系一部关于运用净水渔业理念实施浅水湖泊生态修复方面的专著。采用内源性生物操纵手段调控湖水中的氮、磷，以减缓富营养化，防止出现蓝藻暴发产生的危害。

在总结前人研究基础上，针对太湖内湾蠡湖的氮、磷含量居高不下和蓝藻过多的情况，以多项技术集成组装的净水渔业技术，对水环境整治后的蠡湖开展了以渔净水的研究与示范，使原来的劣 V 类水质上升为 III 类水质，将重富营养湖泊修复为中营养湖泊，达到了预期的效果和目的。在实践示范中，通过同步监测水质与水生生物的动态变化、多种方法综合评价水质，证实了鲢、鳙的净水作用。

全书共分 6 章，从蠡湖及其环境治理、净水渔业技术实施前的蠡湖渔业生态环境、净水渔业技术试验的技术路线和方法、净水渔业技术试验及其效果、净水渔业技术对蠡湖水质的影响、净水渔业技术对蠡湖水生生物群落的优化调控等方面进行纪实性阐述。

本书内容丰富，理论与实践相结合，可供水环境、渔业、生命科学等相关领域的研究人员、大专院校师生和管理人员参考，也可为其他浅水湖泊在生态修复实践中提供思路和参考借鉴。

Synopsis

This book is a monograph on the use of water-purification fishery concept to carry out ecological remediation in shallow lakes. In order to slow down the eutrophication and prevent blue-green algae bloom, endogenous bio-manipulation was used to regulate and control nitrogen and phosphorus in lake water.

On the basis of former research and aiming at the high concentrations of nitrogen, phosphorus, blue-green algae in Lihulake, an inner bay of Taihu Lake, the research and demonstration of water-purification fishery technology which integrated many technologies and used fishery to purify eutrophication water were carried out in Lihu Lake whose water environment had been treated previously. The water quality of Lihu Lake increased from worse than level V to level III and from heavy eutrophic state to mesotrophic state after carrying out water-purification fishery technology, and the anticipative effects and aims had been reached. The water purification effect had been verified in the practice and demonstration by the way of monitoring water quality, dynamic changes of aquatic organism and using many methods to assess the water quality.

The book is classified into six chapters. The documentary elaboration is carried out as following: Lihu Lake and its environmental treatment, fishery eco-environment of Lihu Lake before carrying out water-purification fishery technology, technical route and method of test, test and effect of water-purification fishery technology, water-purification fishery technology decreasing the nitrogen, phosphorus and trophic level, optimization and regulation of water-purification fishery technology on ecosystem.

The book is rich in content and is reviewed with theory and practice combined. The book can be used by research personnel, teachers and students in colleges and universities and management personnel with the interesting areas of water environment, fishery, life sciences and other related areas, and it also provides ideas for other shallow lakes in the practice of ecological restoration.

著作者名单

主著者

徐　跑　陈家长　邴旭文　严小梅

参著者

孟顺龙　段金荣　范立民

前 言

一个机遇，使我们有了实践净水渔业理念和净水渔业技术的机会。

在实施了污染控制和生态重建技术后水中氮、磷仍居高不下的无锡蠡湖，我们用净水渔业理念进行生物修复，其方法是运用净水渔业技术。

净水渔业理念，即依据一定数量的滤食性鱼类（鲢、鳙）和底栖动物（螺、贝等）对水体中浮游生物有控制效应，可抑制蓝藻的生长，并让水中的氮、磷通过营养级的转化，最终以渔产量的形式得到固定，当捕捞出水体时就移出了氮和磷。

净水渔业技术与一般湖泊水库的放养鲢、鳙不同，它要求放大规格鱼种(2龄)、回捕高规格成鱼(4龄以上)，要求禁捕时间长（确保鲢、鳙生长安全）和水域中有一定的鲢、鳙群体。鲢、鳙对藻类水华的控制作用虽已众所周知，但成效不显著，尤其在太湖、巢湖等大型湖泊，关键就在鲢、鳙的放、管和捕。

本书详述了净水渔业研究与示范的过程、取得的第一手监测数据、对照和参考其他科研工作者的研究成果进行分析研究，提出的思考和问题，供大家参考。为此，对蠡湖水生态修复的前期试验作了较为详细的阐述，试图提供众多治理方法中运用生物学或生态学方法治理湖泊富营养化的理论研究与实践相结合的示范典例；验证放养滤食性鱼类对湖泊水生态有减缓富营养化进程、净化水质的作用，通过长达数年的原位试验研究表明，鲢、鳙确有净水作用，但与环境条件、运作方法密切相关。本书可为其他浅水湖泊的生态修复实践提供思路。

在净水渔业研究与示范中，特别感谢：

无锡市水产技术推广站张宪中研究员及其团队，在放流、管理与回捕净水的鲢、鳙中所作的贡献。

中国水产科学研究院淡水渔业研究中心的环境保护研究室和水生生物资源研究室的科研人员，对实施净水渔业技术前后的蠡湖环境生态变迁、蠡湖鱼类资源变动提供了数以千计的实测数据；胡庚东研究员等在蠡湖敞水区的水生植物调研和杨健研究员及其团队的以移养背角无齿蚌测评湖泊的重金属污染动态变化等为本研究提供了基础依据。

著作者

2016 年 10 月

It is a good opportunity that we have the honor to carry out "water-purification fishery" concept and water-purification fishery technology.

Aiming at the high concentrations of nitrogen and phosphorus in Lihu Lake even after the pollution control measures and ecological reconstruction technologies having been carried out, we used "water-purification fishery" concept whose method was water-purification fishery technologies to carry out bioremediation.

"Water-purification fishery" concept is a concept that using a type of special and appropriate fishery practice to purify eutrophication water. And its general principle is as follow: nitrogen and phosphorus in eutrophication water can be absorbed by phytoplankton, and phytoplankton can be eaten by zooplankton, and phytoplankton and zooplankton can be eaten by filter-feeding fish (silver carp and bighead carp) and zoobenthos (snail and shellfish). Therefore, the nitrogen and phosphorus will be taken out of the eutrophication water by the way of catching fish. That is to say, the nitrogen and phosphorus could be removed and phytoplankton, including blue-green algae, could be controlled by the above food chain.

Water-purification fishery technology is different from the general practice of releasing silver carp and bighead carp into lake. Water-purification fishery technology requires releasing large-size fingerling (2 years old fingerling) and catching large-size adult fish (more than 4 years old), therefore the no catching time is very long, and what is more, a certain quantity of silver carp and bighead carp have to be left after catching. It has been well known that silver carp and bighead carp could control water bloom, however, the efficiency was not so good especially in Taihu Lake and Chaohu Lake, the crucial reasons are release, manage and catch of silver carp and bighead carp.

The research and demonstration of water-purification fishery technology and firsthand monitoring data of the research are described in this book. For the good reference purpose, we have compared with and referenced the research results of other scientists, and analyzed, researched and presented some thoughts and questions in this book. Therefore, in order to provide a model demonstration example with the combination of theoretical research and practice that using biological or ecological methods to treat lake eutrophication, the earlier stage test of eco-remediation of Lihu Lake has been described particularly. The effect of releasing filter-feeding fish on slowing down lake eutrophication and purifying water has been verified. The in situ test lasting for many years has showed that silver carp and bighead carp have the eutrophic water remediation function, however, this eutrophic water remediation function is closely related to environmental condition and operation method. This book can provide ideas for other shallow lakes in the practice of ecological restoration.

In the process of water-purification fishery research and demonstration, the authors acknowledge support from professor Zhang Xianzhong and his team from Wuxi Aquaculture Technology Extending Station for releasing, managing and catching silver carp and bighead carp that used to eutrophic water remediation. Acknowledge support from scientists from Fishery Environmental Protection Department and Large Water Hydrobiology Resources Department of Freshwater Fisheries Research Center for providing thousands of measured data about the ecological environment changes and fish stocks dynamics of Lihu Lake before and after the carrying out of water-purification fishery technology. Acknowledge support from professor Hu Gengdong for aquatic plants investigation in open water area of Lihu Lake, support from professor Yang Jian and his research team for monitoring and evaluating heavy metal pollution dynamics by the way of transplanting "standardized" Anodonta woodiana, their works have provided foundation and basis for the research.

Xu Pao et al.

October 2016

目　录

Content

第 **1** 章

蠡湖及其环境治理

本章主要简述实施净水渔业技术前的蠡湖环境及其综合治理概况。

1.1 蠡湖地理概况

蠡湖又名五里湖。蠡湖是太湖北部湖湾梅梁湖伸入无锡市的内湖，位于东经 119° 13′ 12″ 至 17′ 11″，北纬 31° 29′ 54″ 至 32′ 50″，地处无锡市西南郊，属浅水型湖泊（图 1-1）。湖泊大体呈葫芦状，东西长约 6.0km，南北宽 0.3 ~ 1.8km，湖区水较浅、水域开阔，来往船只较多。蠡湖历来以宝界桥为界，分称为东蠡湖和西蠡湖。从 20 世纪 60 年代起，因忽视对环境资源的保护，在蠡湖大面积围湖造田、筑塘养鱼、围网养殖，沿湖渔业无序开发，湖岸被侵占吞食，污水直接入湖，生态环境遭到破坏，蠡湖水面从早期的 9.5km² 缩小为 6.4km²。2002 年，平均水深 1.6m，容积约为 $10.24 \times 10^6 m^3$。西部通过犊山防洪枢纽的节制闸与梅梁湖连通，北面有骂蠡港河道与无锡城区连接，东面由曹王泾河道与京杭大运河连通，南面的长广溪河道与太湖

图 1-1　蠡湖地理位置
Fig. 1-1　Geographical position of Lihu Lake

另一湖湾贡湖连通，沿湖还有多条支河与周边城镇和农村相连接，形成一个既相对独立又相互联系的水系。由于蠡湖深处腹地，相对封闭，水体流动缓慢，换水周期长约 400d，因此自净能力较差。

1.1.1　水环境特征与变迁

　　1951 年的蠡湖基本保持着原有的自然湖泊形态，以天然湖岸为主，沿岸带有较大面积的浅滩，生长着茂密的芦苇、菱、水鳖、苦草、范草、穗花狐尾藻等大型水生植物；20 世纪 60 年代以后，湖滩地被大面积围垦（图 1-2），沿岸又建筑人工堤坝，使得蠡湖基本上失去了适合大型水生植物生长的浅水滩地，更兼 60 年代后期开始放养草食性鱼类，导致处在高水位等不利

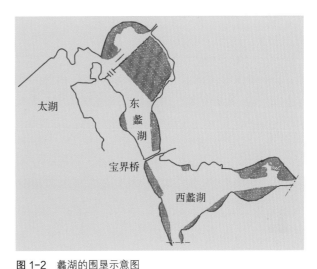

图 1-2　蠡湖的围垦示意图
Fig. 1-2　Sketch map of Lihu Lake reclamation

条件下的深水区的沉水植物消失。20 世纪 50 ～ 60 年代的蠡湖水草茂盛、水质清新；到 70 年代后，水草逐渐减少，周边筑塘造鱼池约 300hm^2（图 1-3），鱼池肥水及污泥未经处理直接排入蠡湖，水质开始变差；80 年代起，蠡湖成为一个小型养殖湖泊，

图 1-3　蠡湖围垦后建成的鱼池
Fig. 1-3　Ponds along Lihu Lake after reclamation

湖区由两个渔场分别以宝界桥为界进行网围养殖生产，东蠡湖为 167hm²，西蠡湖为 130hm²。两个渔场均采取春季放流鱼种，并投饵施肥，冬季大捕捞的生产方式，放养物种主要是鲢、鳙，其他鱼类少量。据《2001 年无锡市水产统计年报》统计，渔业产量为 7.75×10⁵kg，起捕规格鲢平均为 1.5kg/尾、鳙为 1.25～1.5kg/尾。自 2002 年蠡湖实施综合整治起，停止了放养渔业。

1.1.2　水文

蠡湖地区多年平均降雨量为 1 112.3mm，平均水位为 3.06m，历史最高水位为 4.88m，最低水位为 1.92m，正常蓄水位为 3.30m 左右，平均水深 1.60m，相应库容约为 1 500 万 m³。湖区平均水温为 17℃左右，年最高水温出现在 7～8 月份，达 38℃ 左右；年最低水温出现在 12 月下旬至翌年 2 月上旬，最低水温 0℃。

历来蠡湖西端与太湖（梅梁湖湖区）直通，与太湖间存在频繁的由风涌水引起的水流交换，水位基本与太湖保持一致，而且蠡湖西部与梅梁湖的水质也基本相近。围垦使得蠡湖与太湖之间的通道变小，加之 20 世纪 90 年代初在通道上修建了水闸，将蠡湖与太湖隔离开来。蠡湖成为一个独立的湖体后，与太湖间的水流交换受到了严格控制，但水位仍与太湖接近一致。

此后，蠡湖湖水的主要补给来源为周边的生活污水、工业废水、鱼塘尾水，以及通过长广溪、曹王泾、骂蠡港河道流入蠡湖的污水。其中骂蠡港、曹王泾等数条小河与梁溪河相通，而梁溪河又直通无锡城区污染严重的京杭大运河，因此加剧了对蠡湖的污染。

1.1.3　水质

20 世纪 50 年代初蠡湖的水质调查表明，当时的水质处于中营养状态，完全符合饮用水源标准[1]；60 年代初期，据中科院南京地理研究所调查，蠡湖仍保持着良好的水质[2]；70 年代水生植物消失，水质趋于富营养化；80 年代污染的加剧加速了富营养化的发展，水体中的高锰酸盐指数、总磷和总氮浓度呈上升趋势[3]（图 1-4）；到 90 年代初已达到重富营养化水平[4]。

据无锡市环境监测中心站的监测数据表明，2001 年蠡湖大部分水质指标接近或超过《地表水环境质量标准》（GB 3838—2002）中的 V 类水标准，其中的高锰酸盐指数、5 日生化需氧量、总磷、总氮和叶绿素 a 年平均值相当于全太湖的 1.39 倍、2.63 倍、1.93 倍、2.44 倍和 2.61 倍，湖水处于重富营养状态[4]。经过 2002～2005 年水污染综合治理后，水环境总体上逐步得到较大改善[5]（表 1-1），但总磷为Ⅳ类、总氮仍为劣 V 类。

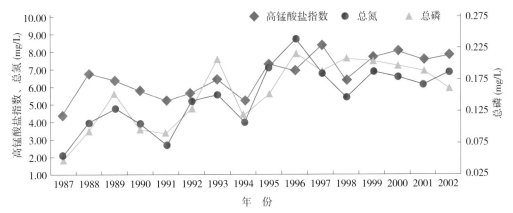

图 1-4　1987 ~ 2002 年蠡湖水质参数高锰酸盐指数、总磷和总氮的逐年变化（摘自顾岗等，2004）
Fig. 1-4　The yearly changes of COD$_{Mn}$, TP and TN in Lihu Lake (1987–2002)

表 1-1　2001 ~ 2005 年蠡湖水质状况
Table 1-1　Water quality condition of Lihu Lake (2001–2005)

年份	高锰酸盐指数（mg/L）	5 日生化需氧量（mg/L）	总磷（mg/L）	总氮（mg/L）
2001	7.80	9.20	0.208	6.38
2002	7.76	9.93	0.199	6.48
2004	7.00	8.00	0.148	6.33
2005	6.30	5.50	0.137	5.81

1.1.4　底质

蠡湖表层底泥（0 ~ 20cm）泥样呈黄绿至黑褐色，泥质松软、均匀，易变形，不含植物根、叶残骸；中层（20 ~ 50 cm）呈灰至灰褐色，泥质黏度增加，出现少量植物根、茎、叶残体；底层（50 ~ 100cm）淤泥呈灰褐色，植物根、叶残体含量增加明显。土性分类上属于粉质亚黏土[6]。据无锡市水文水资源局和水利部太湖局对太湖的测量资料表明，存在于淤泥表面以上的一层 2 ~ 7cm 厚的半悬浮胶体状物质中污染物含量最高，含大量藻类残体和部分活体[7]。

蠡湖底泥有重金属的轻度污染，并呈表层低、中层高的特征；而有机污染呈表层高、下层低的特征，有机质、总磷和总氮含量在表层底泥中有明显的富集，并具有显著的同源相关性。底泥间隙水中营养物质含量明显高于湖水，相对湖水呈可释放状态[6]。

据无锡市水文水资源局《五里湖底泥分析报告》（2001），蠡湖底泥中有机质含量较高，有机污染已相当严重，水平分布是东蠡湖底泥污染比西蠡湖更为严重（表 1-2）。其平均值均超过了太湖和梅梁湖底泥中的各项平均值，且长广溪、骂蠡港、曹王泾河道入湖口附近区的底泥营养盐含量最高，其表层有机质、总磷和总氮最高值分别高出全湖平均值 0.9 倍、0.5 倍和 1.4 倍。

表 1-2　蠡湖底泥中营养物质的含量
Table 1-2　Nutrient content in the sediments of Lihu Lake

有机质（g/kg）			总氮（g/kg）			总磷（g/kg）		
东蠡湖	西蠡湖	平均值	东蠡湖	西蠡湖	平均值	东蠡湖	西蠡湖	平均值
48.14	27.7	40.37	1.31	1.00	1.19	3.31	1.47	2.61

淤泥是湖体营养盐和污染物的重要蓄积库，不断向水体释放营养物质和污染物质，产生二次污染。

1.1.5　生态与资源特征

据中国科学院水生生物研究所 1951 年调查，蠡湖的植被覆盖率达 100%，主要优势种为芦苇、菱草、菹草、狐尾藻、苦草和人工栽培的菱。开阔湖面被沉水植被覆盖，宝界桥以西湖心区沉水植物较稀。在沿岸浅水区，芦苇生长茂密，菱草丛生，并伴有斑块状分布的菱群落。浮游藻类以硅藻为主，其次为隐藻、蓝藻和绿藻等，年平均数量 26.7×10^4 个 /L。浮游动物年平均数量 5 660 个 /L，其中大型枝角类和桡足类 148 个 /L。底栖动物螺、蚌、虾等极为丰富。

20 世纪 60 年代后期开始放养草鱼；70 年代又围湖养殖、防洪筑堤，蠡湖驳岸直立、湖面缩小，部分沿岸带水生植物萎缩，天然水生植物迅速消失；80 年代随着工业发展，污水增加，水体透明度下降，曾经在湖内生长茂盛的沉水植物几近灭绝，水生植物群落逐渐退化消失，仅有通湖的小河道和沿湖边浅水区尚有残留。敞水区的浮游植物剧增，1990 ~ 1991 年调查表明，浮游藻类以蓝藻和绿藻为主，其次为隐藻、硅藻等，出现水华，平均数量 $4 174 \times 10^4$ 个 /L，是 1951 年的 156 倍。浮游动物平均数量 902 个 /L，其中大型浮游动物极为少见。底栖动物螺、蚌、虾等仅在沿岸水深小于 1m 的浅水带有少量残存，湖底以水丝蚓和摇蚊幼虫占优势[8]。

20 世纪 80 年代到 2002 年，蠡湖湖区均进行网围养鱼生产，年初放养鲢、鳙鱼种，年末捕捞商品鱼。调查表明，主要有浮游动物 8 种，浮游植物 36 种，以颤藻、直链藻、萼花臂尾轮虫、水蚤等为主；底栖动物 3 种，分别为摇蚊幼虫、双翅目幼虫和颤蚓。

除养殖鱼类外，有少量鲤、鲫，原有的凶猛鱼类已基本绝迹。

1.2　蠡湖生态修复的核心

与蠡湖相连的小河道众多，是周边污染源的主要纳污水体，因而水质污染严重。2002 年的水质监测表明，主要污染指标总氮年均值远超出地表水环境质量标准（GB 3838—2002）的 V 类标准值，总磷处于 V 类标准水平。

由于 20 世纪 70 年代在蠡湖开展围湖造塘运动，沿湖岸鱼塘密布，不但湖面积大为减少，同时每年养殖污水的排入，也对湖水的水质造成了较大的负面影响。其次，因防洪需要，蠡湖湖岸被浆砌石包围，几乎全部为直立岸带，岸边水较深，由于透明度低与风浪的拍击，岸边很难觅到沉水植物的影子。总的来说，蠡湖沿岸水陆交错带十分单一，已基本失去陆地与湖体物质和能量交流缓冲带的功能，使部分水生动物和植物失去了繁殖与栖息地。再者，多年的沉积致使蠡湖的底泥淤积严重，这些底泥中污染因子的释放对蠡湖又形成了再污染，因此生态修复的核心是要高强度消减营养负荷。

1.3　蠡湖环境的综合治理（2002 ~ 2005 年）

在 2002 年国家计委批准了蠡湖水环境综合整治工程项目后，无锡市政府按照"清淤、截污、调水、修复生态"的整治思路，对蠡湖水环境实施了五大整治工程，其中包括环境的综合治理与水体生态重建试验两部分。

1.3.1　控制外污染源

主要是截污和挡污两大措施，从源头上控制污水流入蠡湖。在梁溪河、骂蠡港等主要入湖河道两侧铺设湖边道路时，同步铺设截污干管 75km、支管 67km，平均每天截流污水约 55 000 吨，污水全部进入城市污水处理厂；搬迁和关闭了沿湖 36km 周边 50 ~ 250m 内的 1 800 多户和 330 多家企业，掐断了污染源；在污水尚未截流的沿湖 11 条主要入湖河道口，全部建闸挡污，真正实现了沿湖污水不进蠡湖。

1.3.2　清除内污染源

一是实施退渔（地）还湖工程。从 2002 年起全湖禁止养鱼；在 2002 年 8 ~ 12 月的前期工作中，搬迁和关闭了 48 家沿湖企业，拆除各类建筑 8 万 m^2，分流安置务农和企业人员等 1 972 人；将 162.5hm^2（2 437 亩）鱼池（其中西蠡湖 133.3hm^2）清塘还湖，除对鱼池、鱼埂挖除恢复水面，并清除了原鱼池内的淤泥（图 1-5），退渔、退地还湖工程面积达 218.85hm^2。

2003 年 9 月放水还湖，蠡湖面积由 6.4km^2 扩大为 8.6km^2，水容量明显增加，水体流动和自净能力有所提高（图 1-6）。

图 1-5 清除鱼池、鱼埂，"退渔还湖"
Fig. 1-5 Clean fish pond，"recovering lake from fishery"

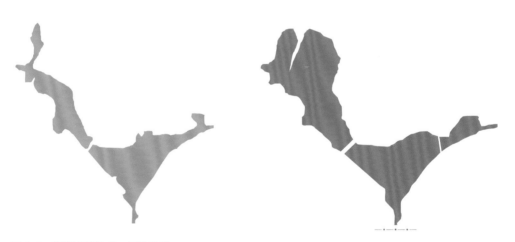

图 1-6 "退渔还湖"前、后的蠡湖
Fig.1-6 Lihu Lake before and after "recovering lake from pond"

　　二是开展生态清淤工程（图 1-7）。2002 年 5 月至年底，根据蠡湖淤泥淤积深度和营养盐分布特征，用荷兰进口的环保绞吸式挖泥机对西蠡湖湖区和长广溪北段清淤厚度为 0.5m；东蠡湖除水厂附近清淤 0.7m 外，其他区域则主要清除营养盐含量极高的半悬浮类胶体状物质约 0.2m。蠡湖总清淤面积达 5.7km²，累计清淤 248 万 m³。

图 1-7　蠡湖实施生态清淤
Fig. 1-7　The implementation of ecological dredging in Lihu Lake

1.3.3　建设动力换水

　　在蠡湖、梅梁湖、梁溪河的交界处建设调水泵站枢纽，于 2004 年 5 月开始运行，调水流量可达 50m³/s。还在蠡湖周边出入口处建了 11 座节制闸，通过调水工程改善了蠡湖和梅梁湖及河道的水环境（图 1-8），为蠡湖纳清冲污、改善水体动力条件，以增加水体自净能力。

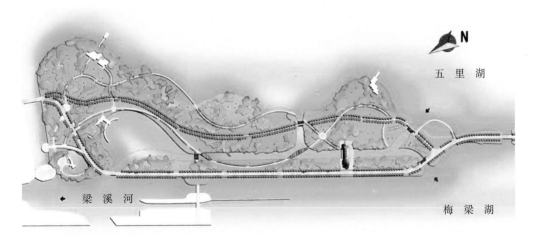

图 1-8　蠡湖和梅梁湖间的调水泵站枢纽
Fig. 1-8　Transfer pump station hub between Lihu Lake and Meiliang Lake

1.3.4 湖岸整治并建设环湖林带

结合湖岸整治，积极调整农业种植结构，并建设环湖生态林带作为蠡湖的涵养林。2002 年以来，建设环湖生态林 331.4 万 m²。沿湖 36km 岸线以开放式公共绿地和生态林带与景观点相串联，6.8km 长的蠡湖岸线得到整治，防洪标准提高，湖畔宽幅度植树种草，浓绿覆地，雨、污分流，水土保持大大改善（图 1-9）。

图 1-9　建成蠡湖的环湖林带
Fig. 1-9　Forest zone around the Lihu Lake

蠡湖综合治理后，宝界桥以西称西蠡湖，以东称东蠡湖。蠡湖大桥以东湖面系实施退湖生态工程及河流整治后的水面，原称美湖，现称金城湾。

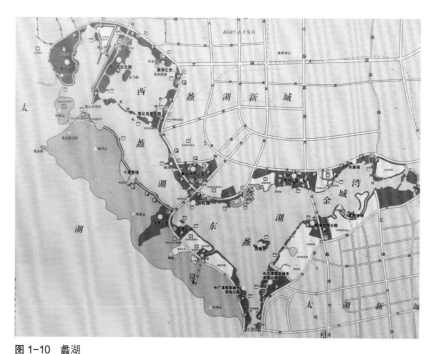

图 1-10　蠡湖
Fig. 1-10　The Lihu Lake

注：图 1-5 及图 1-7 至图 1-10 均由无锡市蠡湖地区规划建设领导小组办公室提供，2004 年。

1.3.5　2004～2005 年的水生态修复重建试验

为探索适合我国国情与环境条件的浅水湖泊治理理论与技术，2002 年中华人民共和国科学技术部设立了"太湖水污染控制与水体修复技术及工程示范"（"863 计划"）课题，其中的"重污染水体底泥环保疏浚与生态重建技术"就在西蠡湖实施，是整个项目中的一部分内容。

2003 年 6 月至 2005 年西蠡湖实施了国家"863 计划"工程中的生态重建成套技术，主要针对内源开展研究与工程示范；生态重建以营养盐消减、基底修复、生境改善、植被重建、稳态调控为主[9]。详见西蠡湖生态修复布局（图 1-11）。

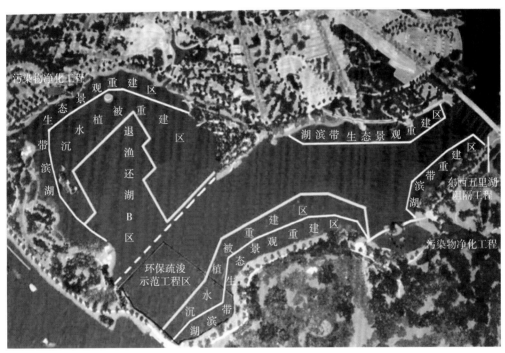

图 1-11　西蠡湖生态修复布局

Fig. 1-11 Ecological restoration layout in west Lihu Lake

（摘自江苏省环境监测中心对"太湖水污染控制与水体修复工程示范"课题的监测报告）

（1）西蠡湖的水生态修复工程：2003 年 6 月至 2004 年 6 月在西蠡湖实施了以下水生态修复工程。

① 修复湖滨沿岸带，建立湖滨湿地：建成后，依据环境状况与景观配置需要，栽种芦苇、茭草等挺水植物，并配种睡莲、荇菜等浮叶植物，建立多种类型的湖滨景观湿地，以吸收水体营养盐，与藻类竞争、抑制藻类生长繁殖，为多种生物创造栖息环境（图 1-12、图 1-13）。

② 重建水生植被：利用各种水生植物栽培技术与群落优化配置技术，使水生植

图 1-12 水生态修复重建试验时栽种的挺水植物和浮叶植物

Fig. 1-12 Emergent and floating-leaved aquatic plant planted when carrying out water ecological restoration and reconstruction test

图 1-13 2005 年结合湖滨景观栽种的水生花卉

Fig. 1-13 Aquatic flower planted around lakeshore in 2005

被覆盖度达到西蠡湖面积的 30%。其中，挺水植物面积约 3.0 万 m^2，浮叶植物面积约 6.0 万 m^2，沉水植物面积约 22.0 万 m^2。

③ 恢复生物多样性：利用多种水生动物促进湖泊生态系统的自我调控和相对稳定性。

（2）围隔试验示范工程

① 概况：2004 年 1 月中科院南京地理与湖泊研究所为改善水质，在西蠡湖南岸开展了生态重建示范工程——大型围隔试验[10]。在西蠡湖南岸建立一个 10 万 m^2 的大型试验围隔示范工程区（图 1-14），内建有 25m×25m 的小型试验围隔区 6 个，以试验一些单项技术和综合措施与技术，探索水体的生态恢复途径和理论。如：按经典生物操纵理论，在大围隔内放养鲈、鳜、黑鱼等凶猛肉食性鱼类，作为清除草食性鱼类、杂食性鱼类及底层鱼类的补充手段，间接增加浮游动物的生物量，控制藻类生长；放养蚌、河蚬及中国圆田螺等大型底栖动物，增加摄食与削减藻类量，澄清水体；种植一些水生植物，放置生物浮岛，种植一些陆生和水生植物，增加迁移、转化和输出营养盐的途径和数量。稳定及增加生物多样性，发挥生态系统的自我调节作用，维持相对稳定性等[10]。

图 1-14　西蠡湖的围隔试验区

Fig. 1-14　Barricading test area in west Lihu Lake

（摘自陈开宁等 "太湖五里湖生态重建示范工程——大型围隔试验"）

②围隔试验区水质改善状况：随着栽种植物增加，围隔试验区水质逐步得到改善。2004年8月至2005年7月的水质监测结果（表1-3）显示，大型围隔内水体的总氮、总磷、氨氮、硝酸盐氮、亚硝酸盐氮和磷酸盐均值分别比西蠡湖（对照区）的下降20.7%、23.8%、35.2%、21.1%、45.6%和54.0%；水体透明度平均值也有较大幅度提高，平均从0.39m提高至0.70m；围隔试验区内外高锰酸盐指数和叶绿素a的均值差异不大，主要原因为虽然营养盐有较大幅度下降，夏季仍然出现大量藻类，并暴发蓝藻水华，但2005年蓝藻水华出现时间较短，仅8月份中的十多天时间[11]。

表1-3　2004年8月至2005年7月围隔试验区与西蠡湖的水质比较
Table 1-3　Comparison of water quality between barricading test area and west Lihu Lake from August 2004 to July 2005

湖　区	总氮（mg/L）	总磷（mg/L）	高锰酸盐指数（mg/L）	叶绿素a（μg/L）	氨氮（mg/L）
围隔区	1.99～3.95 / 2.64	0.054～0.88 / 0.077	3.56～8.46 / 5.25	21.29～68.71 / 34.84	0.44～0.82 / 0.59
西蠡湖	2.63～4.71 / 3.38	0.068～1.13 / 0.098	4.24～7.76 / 5.89	18.03～99.47 / 42.55	0.48～1.63 / 0.95

湖　区	硝酸盐氮（mg/L）	亚硝酸盐氮（mg/L）	磷酸盐（mg/L）	透明度（m）
围隔区	0.43～1.46 / 0.88	0～0.186 / 0.079	0～0.007 / 0.003	0.34～0.98 / 0.70
西蠡湖	0.61～1.82 / 1.16	0.63～0.481 / 0.171	0～0.027 / 0.027	0.21～0.63 / 0.39

注：横线上面是范围，横线下面是平均值。

（3）生态重建试验的启示：2005年，尽管围隔内已有大量水生植物生长，覆盖面积也达到40%～55%，水体营养盐已有大幅度削减，但夏季水体叶绿素a含量仍然很高，并有蓝藻水华发生。研其原因：首先，夏季水温较高，超过30℃，部分沉水植物生长减缓或停止生长，降低了对水体的净化能力。其次，许多植物进入衰老期，大量植物残体于水中腐烂分解也使许多营养物质重新回到水体中，造成二次污染，促进了藻类生长。同时，夏季较高的水温有利于蓝藻迅速生长，而浮游动物数量锐减，不能有效捕食蓝藻、降低藻类增长的压力。

在水生植物的恢复与重建试验中，受水体透明度影响小的挺水植物与浮叶植物，可以在重污染水体中直接栽种，且存活率较高。栽种沉水植物的需要：①水质清澈、透明度高的水域；②初期建立沉水植物群落要清除鱼类，有难度；③削减氮负荷，水体的TN含量应小于2mg/L。同时应注意，蠡湖疏浚加大了水体深度，不利于沉水植物恢复[9]。

该试验的启示：面对蠡湖生态系统退化、水体严重富营养化这一现实情况，采用单一技术措施很难取得显著成效，必须要用系统的方法，多技术、多措施有机地结合，疏通湖中污染质迁移、转化和输出的途径，依据变化的环境条件，因地制宜、循序渐进、逐步恢复生态系统良好的结构和功能。

1.4   综合治理后西蠡湖的水环境质量改善情况

无锡市水利局 2005 年对西蠡湖生态修复区与东蠡湖的水质监测比较[5]（表 1-4）表明，西蠡湖生态修复区比东蠡湖的水质好，其总磷已为Ⅲ类，但总氮仍为Ⅴ类。

表 1-4   2005 年西蠡湖生态修复区与东蠡湖的水质比较
Table 1-4   Comparison of water quality between east Lihu Lake and west Lihu Lake in 2005

湖　区	高锰酸盐指数（mg/L）	5 日生化需要量（mg/L）	总氮（mg/L）	氨氮（mg/L）	总磷（mg/L）
西蠡湖生态修复区	6.6	4.7	2.22	0.51	0.051
东蠡湖	6.5	4.9	5.81	3.68	0.116

据江苏省环境监测中心 2005 年 7 ~ 12 月对西蠡湖退渔还湖区的 2 个点和东蠡湖（对照点）的水质连续监测结果（表 1-5）表明，西蠡湖退渔还湖区的高锰酸盐指数、化学需氧量为Ⅲ类，总磷为Ⅳ类，总氮为劣Ⅴ类，均与东蠡湖相同；氨氮为Ⅳ类，较东蠡湖稍好一点（图 1-15）。

表 1-5   2005 年 7 ~ 12 月西蠡湖退渔还湖区与东蠡湖水质对照
Table 1-5   Comparing of water quality between area recovered from fishery in west Lihu Lake and east Lihu Lake from July to December in 2005

湖　区	指　标	高锰酸盐指数（mg/L）	化学需氧量（mg/L）	总磷（mg/L）	总氮（mg/L）	氨氮（mg/L）
东蠡湖（T3S7 点）	范围	3.8 ~ 6.1	15.4 ~ 20.2	0.08 ~ 0.16	1.61 ~ 6.92	1.04 ~ 2.60
	平均值	4.7	17.8	0.10	4.0	1.9
	水质类别	Ⅲ	Ⅲ	Ⅳ	劣Ⅴ	Ⅴ
西蠡湖退渔还湖区（T3S8 点）	范围	3.4 ~ 6.3	13.6 ~ 20.6	0.07 ~ 0.19	1.64 ~ 5.86	0.38 ~ 2.95
	平均值	4.28	17.4	0.10	3.55	1.40
	水质类别	Ⅲ	Ⅲ	Ⅳ	劣Ⅴ	Ⅳ
西蠡湖退渔还湖区（T3S9 点）	范围	3.3 ~ 5.4	16.0 ~ 21.4	0.05 ~ 0.10	1.12 ~ 5.28	0.36 ~ 2.48
	平均值	3.97	18.7	0.08	2.51	1.05
	水质类别	Ⅲ	Ⅲ	Ⅳ	劣Ⅴ	Ⅳ

图 1-15　西蠡湖生态重建湖区水质监测点

Fig. 1-15　Water quality of monitoring site in ecological reconstruction area of west Lihu Lake

（摘自江苏省环境监测中心对"太湖水污染控制与水体修复工程示范"课题的监测报告）

第 2 章

净水渔业技术实施前的
蠡湖渔业生态环境

对蠡湖生态环境的各项调查从 2006 年 9 月起，2007 年 6 月底投放鲢夏花鱼种，12 月底投放作为净水的大规格鲢、鳙鱼种，故 2007 年的监测（调查）数据可视为净水渔业技术实施前的基础数据，是净水渔业技术实施后的主要对照依据。

2.1 鱼类群落结构组成分析

自 2002 年环境治理起，蠡湖已停止一切渔业活动。

2006 年 11 月至 2007 年 12 月共采集到 3 435 尾鱼，隶属于 6 目、10 科、33 种（表 2-1）。其中以鲤科鱼类为主，有 7 亚科、14 种，占 42.4%；此外鰕虎鱼科有 2 种，其余 7 科均为 1 种。除鱼类外，还有日本沼虾、秀丽白虾、中华绒螯蟹、螺蛳、背角无齿蚌、三角帆蚌、中华鳖等水生动物。另有，外来观赏鱼鲎 1 尾、虎头鲨 1 尾、巴西龟 2 只。

随之，2008 年又采集到青鱼、蛇鮈、吻鮈、黑尾餐、子陵栉鰕虎鱼等 5 种；2009 年采集到似刺鳊鮈、似鳊和鳡等 3 种；2010 年采集到银鮈、马口鱼等 2 种。总计为 7 目、11 科、43 种，其中鲤科鱼类占 69.8%。

调查表明，净水渔业技术实施前蠡湖已恢复为自然的小型湖泊。

表 2-1　蠡湖鱼类名录
Table 2-1　List of fishes in Lihu Lake

鱼类的目、科、种名		采集到的尾数			
		2006~2007	2008	2009	2010
Ⅰ. 鲱形目（Clupeiformes）					
1. 鳀科（Engraulidae）	（1）湖鲚（*C.ectenes taihuensis*）	892			
Ⅱ. 鲤形目（Cypriniformes）					
2. 鲤科（Cyprinidae）					
鲃亚科（Danioninae）	（2）马口鱼（*Opsariichthys bidens* Günther）				1
雅罗鱼亚科（Leuciseinae）	（3）草鱼（*Ctenopharyngodon idellus*）	6			
	（4）青鱼 [*Mylopharyngodon iceus*（Richardson）]		1		
	（5）鳡（*Elopichthys bambusa*）	2			

（续表）

鱼类的目、科、种名		采集到的尾数			
		2006 ~ 2007	2008	2009	2010
鲌亚科（Culterinae）	（6）鳘（*H.leucisculus*）	31			
	（7）黑尾鳘 （*Hemiculter nigromarginis Yih et Woo*）		1		
	（8）似鲚（*Toxabramis swinhonis* Günther）	7			
	（9）鳊（*Parabramis pekinensis*）	3			
	（10）红鳍鲌（*Cultererythropterus*）	8			
	（11）翘嘴鲌（*Culteralburnus*）	128			
	（12）蒙古鲌（*C.mongolicus*）	9			
	（13）青梢红鲌 [*Erythroculter dabryi*（Bleeker）]	845			
鲴亚科（Xenocyprinae）	（14）圆吻鲴 （*Distoechodon tumirustrisn Peters*）	4			
	（15）似鳊 [*Pseudobrama simoni*（Bleeker）]			45	
鱊亚科（Acheilognathinae）	（16）高体鳑鲏（*Rhodeus ocellatus*）	270			
	（17）中华鳑鲏 [*Rhodeus sinensis*（Pallas）]	3			
	（18）彩副鱊（*Paracheilognathus imberbis*）	6			
	（19）无须鱊（*A. gracilis Nichols*）	1			
鮈亚科（Gobioninae）	（20）花骨（*Hemibarbus maculatus*）	1			
	（21）麦穗鱼（*Pseudorasbora parva*）	47			
	（22）华鳈（*Sarcodheilichthys sinensis sinensis*）	3			
	（23）黑鳍鳈（*S. nigripinnis*）	5			
	（24）棒花鱼（*Abbottina rivularis*）	60			
	（25）蛇鮈（*Saurogobio dabryi Bleeker*）		1		
	（26）似刺鳊鮈（*P. guichenoti Bleeker*）			1	
	（27）银鮈（*Squalidus argentatus*）				1
	（28）吻鮈（*Rhinogobio typus Bleeker*）		1		
鲤亚科（Cyprininae）	（29）鲤（*Cyprinus carpio Linnaeus*）	68			
	（30）鲫（*Carassis auratus auratus*）	508			
鲢亚科 （Hypophthalmichthyinae）	（31）鲢（*Hypophthalmichthys molitrix*）	218			
3. 鳅科（Cobitidae）	（32）鳙（*Aristichthys nobilis*）	22			
	（33）泥鳅（*Misgurnus anguillicaudatus*）	12			

（续表）

鱼类的目、科、种名		采集到的尾数				
		2006 ~ 2007	2008	2009	2010	

Ⅲ.鲇形目（Siluriformes）

4. 鲿科（Bagridae）　　（34）黄颡鱼（*Pelteobagrus fulvidraco*）　　6

5. 鲇科（Siluridae）　　（35）鲇（*Silurus asotus Linnaeus*）　　2

Ⅳ.鳉形目（Cyprinodontiformes）

6. 鳉科（Cyprinodontidae）（36）青鳉（*Oryzias latipes sinensis*）　　1

Ⅴ.鲈形目（Perciformes）

7. 鰕虎鱼科（Gobiidae）　（37）须鳗鰕虎鱼（*Taenioides cirratus*）　　62

　　　　　　　　　　　　（38）纹缟鰕虎鱼（*Tridentiger trigonocephalus*）　1

　　　　　　　　　　　　（39）子陵栉鰕虎鱼
　　　　　　　　　　　　[*Ctenogobius giurinus*（Rutter）]　　　　　　　　2

8. 鳢科（Channidae）　　（40）乌鳢（*Channa argus*）　　6

9. 刺鳅科（Mastacembelidae）（41）刺鳅（*Mastacembelus aculeatus*）　11

Ⅵ.鲑目（Salmoniformes）

10. 银鱼科（Salangidae）　（42）大银鱼 [*Protosalanx hyalocranius*（Abbott）]　24

Ⅶ.颌针鱼目（Beloniformes）

11. 鱵科（Hemiramphidae）（43）鱵（*Hemiramphus kurumeus*）　　　　　　　　　1

注：2008 ~ 2010 年只将新采捕到的种类列入。

2.1.1　小型定居肉食型鱼虾为主体

通过对 2006 年 11 ~ 12 月采集到的 142 尾鱼和 2007 年 2 ~ 12 月 9 次采集到的 3 978 尾鱼的统计分析，其中排除了 2007 年 6 月 18 日对蠡湖放流了规格为 3cm、以鲢为主的夏花 150 万尾带来的影响（实际未捕到过），表明湖鲚（*Coilia nasus Temminck*）、青梢红鲌（*Erythroculter dabryi Bleeker*）、鲫（*Carassis auratus auratus*）、鲢（*Hypophthalmichthys molitrix*）和鲤（*Cyprinus carpio Linnaeus*），以及日本沼虾（*Macrobrachium nipponense*）为蠡湖的主要鱼虾类（表 2-2）。结合 2006 ~ 2007 年采集到的各种鱼类所占比例（表 2-3）分析，可见 2007 年 6 月放养前的蠡湖鱼类以湖鲚（占 38.3%）、青梢红鲌（占 20.3%）和鲫（占 18.9%）为主，其他鱼类均占 10% 以下；放养鲢夏花后，虽湖鲚、青梢红鲌、鲫仍占主要份额，但鲢比例上升。统计曾把翘嘴鲌、蒙古鲌、红鳍鲌合计，则鲌类总数为 990 尾，占比 29.4%，占群体组成的首位，可见蠡湖鱼类以小型定居肉食型鱼为主（图 2-1），其中不可忽略的是鲌类。

图 2-1 采集的湖鲚、鲫和青梢红鲌

Fig. 2-1 The collected crucian carp，lake anchovy and green shoots culter

表 2-2 2007 年蠡湖各监测站点优势种组成

Table 2-2 The dominant species in each station of Lihu Lake in 2007

采样点	总样品数	鲢		鲫		青梢红鲌		湖鲚		日本沼虾	
		样品数	占总数（%）	样品数	占总数（%）	样品数	占总数（%）	样品数	占总数（%）	样品数	占总数（%）
渔父岛	472	35	7.42	21	4.45	63	13.35	113	23.94	168	35.59
鹿顶山	393	34	8.65	61	15.52	33	8.40	70	17.81	101	25.70
充山	520	14	2.69	29	5.58	58	11.15	60	11.54	84	16.15
水上明月	380	20	5.26	32	8.42	77	20.26	63	16.58	142	37.37
宝界桥西	237	20	8.44	23	9.70	29	12.24	52	21.94	97	40.93
双虹园	354	25	7.06	33	9.32	46	12.99	71	20.06	127	35.88
珍宝舫	302	19	6.29	29	9.60	37	12.25	103	34.11	233	77.15
西施庄	278	23	8.27	21	7.55	49	17.63	45	16.19	138	49.64
石塘	711	23	3.23	27	3.80	139	19.55	87	12.24	209	29.40
美湖	331	19	5.74	39	11.78	62	18.73	53	16.01	137	41.39

注：2007 年 5 月采集湖鲚 22 尾、鲢 2 尾，因样品地点不清而未计入。

表 2-3   2006 ～ 2007 年采集到的各种鱼类所占比例

Table 2-3   The proportion of fish collected in Lihu Lake (2006–2007)

指标	湖鲚	青梢红鲌	鲫	鲤	鲢	鳙	须鳗鰕虎鱼	翘嘴鲌	其他种类	备注
采集尾数	480	253	237	54	49	15	60	18	13	2006.11 ～ 2007.5
占总数（%）	38.25	20.16	18.88	4.3	3.9	1.2	4.94	1.43	6.94	
采集尾数	982	845	508	68	218	32	62	128	25	2006.11 ～ 2007.12
占总数（%）	29.17	25.10	15.09	2.02	6.62	0.95	1.84	3.80	15.41	

2.1.2   优势种类分析

（1）优势种的相对重要性指数（IRI）：用群落中各种类的渔获数量、生物量和出现频率来表达群落生态优势度，通常以相对重要性指数（IRI）表示。一般认为，IRI大于 1 000 为优势种，IRI 大于 2 000 为显著优势种（邓景耀等，2000）。若以优势种来表达蠡湖放养前、后的群落结构特征（表 2-4），则放养前（2007 年 6 月前）鱼类群落出现 IRI 大于 1 000 的优势种共 5 个，分别为鲢、鲤、鲫、青梢红鲌和湖鲚，且 IRI 均大于 2 000，为显著优势种；在放养后（2007 年 7 ～ 12 月），鱼类群落出现IRI 大于 1 000 的优势种有 4 个，分别为鲢、青梢红鲌、湖鲚和鲫，其 IRI 均大于2 000，为显著优势种。

表 2-4   放养前后的鱼类群落主要种类 IRI 特征值

Table 2-4   Inportant relative index (IRI) of major species of fishes community

品种	放养前（2006.11 ～ 2007.5）				放养后（2007.7 ～ 12）			
	数量百分比（%）	重量百分比（%）	频度（%）	IRI	数量百分比（%）	重量百分比（%）	频度（%）	IRI
鲢	3.90	36.74	100	4 064	12.79	59.51	100	7 230
湖鲚	38.25	6.29	100	4 454	32.27	4.81	100	3 708
青梢红鲌	20.16	2.38	100	2 254	30.45	6.87	100	3 732
鲫	18.88	20.63	100	3 951	17.14	26.33	100	4 347
鲤	4.30	25.69	100	2 999				

（2）鲤是重要鱼类：鲤是蠡湖的定居型鱼类（图 2-2），虽全年只采集到 68 尾，但在 2006 年 11 ～ 12 月采集到的 21 尾鲤中 40% 以上大于 1 500g/ 尾，最大 1 尾体

重为 2 307.8g；2007 年 2 ~ 4 月采集到的 21 尾鲤中最大 1 尾体重为 4 000g，其他为 720 ~ 1 000g，都是能繁殖的群体。在 5 月 30 日采集到 12 尾鲤，经检测性腺发育良好（图 2-3），有 3 尾已产卵（表 2-5）；7 ~ 10 月采集到的鲤，个体仍很大，表明鲤是蠡湖的重要鱼类（表 2-6）。

图 2-2　采集的鲤样品
Fig. 2-2　Carp samples collected

表 2-5　2007 年 5 月 30 日采集到鲤的性腺发育情况
Table 2-5　The gonadal development of the carp collected in Lihu Lake in May 30，2007

序号	体重（g）	全长（cm）	体长（cm）	性别	性腺重量（g）	性腺发育期
1	1 180	45.0	38.0	♀	17	排空
2	1 122	42.0	34.5	♀	186	5 期
3	1 083	46.0	39.0	♂	13	2 期
4	1 032	43.0	36.0	♂	27	3 期
5	1 015	43.0	36.0	♂	75	4 期
6	1 619	52.0	43.0	♀	30	排空
7	1 790	51.0	42.0	♀	385	5 期
8	1 063	45.0	36.0	♂	36	3 期
9	748	39.0	30.5	♀	79	排空
10	1 272	47.5	39.0	♀	61	4 期
11	1 309	45.0	37.0	♀	285	5 期
12	1 546	49.0	39.5	♀	375	5 期

图 2-3　怀卵鲤样品

Fig. 2-3　The sample of pregnant carp

表 2-6　2007 年 7 ~ 10 月采集到的鲤个体重（g/ 尾）

Table 2-6　Weight of carp collected in Lihu Lake from July to October in 2007（g/tail）

序　号	7 月	8 月	9 月	10 月
1	3 500	1 025	1 864	1 186
2	1 941	1 971		1 711
3	1 647	1 268		651
4		1 791		1 493
5		1 470		674

（3）对鲢、鳙的分析：由采集到的样品（表 2-7）可知，在实施净水渔业技术之前的蠡湖有鲢、鳙群体存在的，但数量不多。分析认为，其中一部分来自"清塘还

表 2-7　采集到的鲢和鳙样品

Table 2-7　The silver carp and bighead carp collected

采集时间	鲢		鳙		采集时间	鲢		鳙	
	采集尾数	体重范围（g）	采集尾数	体重范围（g）		采集尾数	体重范围（g）	采集尾数	体重范围（g）
2006.11	4	560 ~ 1 750	1	1 150	2007.7	94	480 ~ 615		
2006.12	1	250			2007.8	15	820 ~ 2 045		
2007.2	22	900 ~ 1 500	14	平均 89.3	2007.9	16	982 ~ 3 095	2	835 ~ 1 158
2007.3	16	990 ~ 2 100			2007.10	9	358 ~ 1 296		
2007.4	4	500 ~ 4 500			2007.11	24	304 ~ 2 039		
2007.5	2	1 092 ~ 1 265			2007.12	16	743 ~ 1 422	3	840 ~ 1 408

湖"时遗留的，另一部分来自太湖。虽太湖与蠡湖已建闸，但时有开闸，每年由太湖放流的鲢、鳙鱼种会随开闸进入蠡湖。2009 年捕捞到多尾 5 龄以上的鲢、鳙证实了这一判断。

2.1.3　适宜增殖放流的评价

实施净水渔业技术初期，利用 2007 年 7 月至 2008 年 6 月的系列调查数据，建立了蠡湖增殖放流适宜地评价体系，为蠡湖的渔业科学规划和管理提供参考依据。

（1）评价因子的主成分分析：收集整理与湖泊宜渔性评价有关的所有因子及相关历史数据，通过 SPSS 软件的主成分分析模块，得出各主成分贡献率和累计贡献率（表 2-8），进而筛选出对于增殖放流适宜地评价起决定性作用的因子。分为主成分 1，其贡献率为 51.45%；主成分 2，其贡献率为 26.23%；主成分 3，其贡献率为 11.85%，三者的累计贡献率为 89.53%。进一步分析表明，主成分 1 中的总氮、总磷、浮游生物、底栖生物、降雨量、水位和与居民点距离这 7 个变量影响最大；主成分 2 中的溶解氧、水生动物、水生植物、水流速和气温这 5 个变量影响最大；主成分 3 中的 pH、品种搭配和与周边育苗场距离这 3 个变量影响最大，最终确定用这相互独立的 15 个因子来评价增殖放流适宜地。

表 2-8　主成分分析中的因子负荷矩阵及主成分的贡献率
Table 2-8　Component matrix and contribution of principal components to total variances

参 考 因 子	主成分 1	主成分 2	主成分 3	主成分 4	主成分 5
光能	−0.301	0.237	0.612	0.413	−0.255
总氮	0.887	0.097	−0.047	0.513	0.322
总磷	0.893	0.099	0.035	−0.427	−0.261
透明度	0.004	0.117	−0.477	0.763	−0.199
溶解氧	0.398	0.847	−0.069	0.093	−0.188
pH	0.197	−0.121	−0.912	0.247	0.231
高锰酸盐指数	0.166	−0.092	0.278	0.143	0.799
水温	−0.326	0.214	0.151	0.281	0.689
水生动物	0.382	−0.847	0.044	0.077	−0.158
微生物	0.226	−0.163	0.342	0.863	−0.169
浮游生物	0.877	−0.256	0.168	0.344	−0.124
底栖生物	0.845	−0.214	0.163	0.252	−0.133

（续表）

参 考 因 子	主成分 1	主成分 2	主成分 3	主成分 4	主成分 5
品种搭配	0.132	0.274	0.910	−0.281	0.168
水生植物	0.234	0.900	0.373	−0.153	−0.097
水流速	0.367	0.845	−0.351	0.037	0.184
与周边育苗场距离	0.124	0.327	0.913	−0.248	0.158
工业生产	0.173	−0.154	0.278	0.779	0.132
降雨量	−0.824	0.325	0.115	0.197	−0.042
气温	0.357	0.928	0.248	−0.059	0.072
水位	−0.927	0.188	0.146	0.452	0.068
水量蒸发	−0.067	−0.242	0.095	0.353	0.742
与居民点距离	0.864	−0.317	0.088	0.318	0.125
人口密度	0.184	0.352	0.667	0.487	0.245
贡献率（%）	51.45	26.23	11.85	3.51	2.77
累计	51.45	77.68	89.53	93.04	97.23

（2）评价指标：利用鱼骨图法理顺各评价因子之间的从属关系（图 2-4）。蠡湖增殖放流适宜地评价模型，以增殖放流适宜地作为目标层，生物数据、水文气象数据、水质数据及其他因素作为准则层。生物准则层包括的具体指标有底栖生物、水生植物、水生动物和浮游生物；水文气象准则层包括的具体指标有水位、降雨量、水流速和气温；水质准则层包括的具体指标有总磷、总氮、pH 和溶解氧；其他因素准则

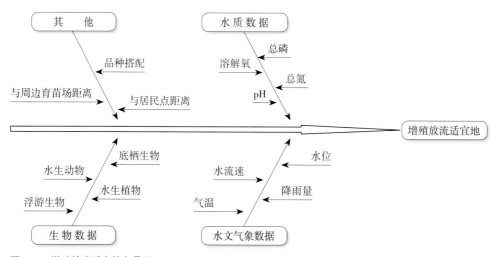

图 2-4　增殖放流适宜地鱼骨图

Fig. 2-4　Fishbone diagram of suitable land of enhancement and release

层包括的具体指标有品种搭配、与居民点距离和与周边育苗场距离。

（3）指标的权重：根据判断矩阵计算得到的权重系数，相对于水质指标层的权重系数为 0.340 4、0.321 7、0.180 6 和 0.157 3，CR = 0.032 < 0.10；相对于生物指标层的权重系数为 0.357 3、0.301 4、0.181 2 和 0.160 1，CR = 0.023 < 0.10；相对于水文气象指标层的权重系数为 0.389 9、0.360 3、0.117 5 和 0.132 3，CR = 0.018 < 0.10；相对于其他因素指标层的权重系数为 0.512 6、0.353 2 和 0.134 2，CR = 0.021 < 0.10；相对于准则层的权重系数为 0.324、0.276、0.216 和 0.184，CR = 0.019 < 0.10。

15 个参考因子的权重见表 2-9。

表 2-9 指标数据和权重
Table 2-9 Index data and its weight

准 则 层	指 标 层	权 重	准 则 层	指 标 层	权 重
	总氮	0.110 3		降雨量	0.084 2
	总磷	0.104 2		水位	0.077 8
水质因素	pH	0.058 5	水文气象	水流速	0.025 4
	溶解氧	0.051 0		气温	0.028 6
	浮游生物	0.098 6		与居民点距离	0.094 3
生物因素	底栖生物	0.083 2		品种搭配	0.065 0
	水生动物	0.050 0	其 他	与周边育苗场距离	0.024 7
	水生植物	0.044 2			

（4）增殖放流适宜地评价：综合考虑 15 个参考因子和栅格运算以后的结果作出的分级图表明，蠡湖适宜增殖放流最高等级的区域面积为 0.400 5km²，占 5%；较高等级的区域面积为 6.007 5km²，占 75%；高等级的区域面积为 1.201 5km²，占 15%；一般等级的区域面积为 0.320 4km²，占 4%；低等级的区域面积为 0.080 1km²，占 1%（图 2-5）。

2.2 2007 年蠡湖水质特性及其动态

以 2006 年 12 月至 2007 年 11 月的周年监测值进行分析。其中对蠡湖水化学特性分析中的季节划分为 3 ~ 5 月为春季，6 ~ 8 月为夏季，9 ~ 11 月为秋季，12 月至翌年 2 月为冬季。全湖平均值均按面积加权法计算，3 个湖区权重分别为：西蠡湖区 0.455，东蠡湖区 0.473，美湖区（现称金城湾）0.072。

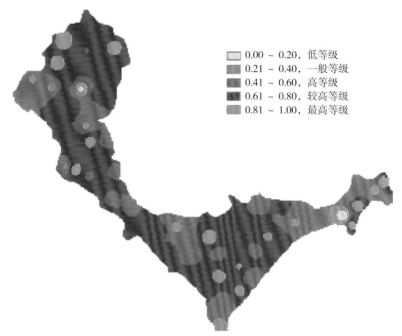

0.00 ～ 0.20，低等级
0.21 ～ 0.40，一般等级
0.41 ～ 0.60，高等级
0.61 ～ 0.80，较高等级
0.81 ～ 1.00，最高等级

图 2-5　蠡湖增殖放流适宜地评价
Fig. 2-5　Evaluation map of suitable land of enhancement and release in Lihu Lake

2.2.1　主要物理特性

（1）水温：按实测结果，全湖水温年平均20.3℃。周年中最高水温出现在7月，平均水温31.7℃；最低水温出现在1月，平均水温6℃。蠡湖为浅水型湖泊，受风浪和湖流影响，水温的垂直和平面分布差异很小，仅0.2℃左右。湖水月平均水温在20℃以上的月份为5～10月，冬季没有冰封现象。

（2）透明度：蠡湖透明度较低，全年平均透明度（SD）为41.7cm。平面分布稍有差异，西蠡湖全年平均透明度为40.49cm，变动范围在48.75～22.5cm；东蠡湖全年平均透明度为42.55cm，变动范围在69.12～24.63cm；美湖全年平均透明度为43.8cm，变动范围在66～22cm。

3个湖区透明度的逐月变化见图2-6，可以看出3个湖区在5月、6月、8月、11月透明度几乎相同，但11月最低；东蠡湖在上半年透明度较高，而美湖则在下半年透明度较高。

（3）pH：蠡湖湖水pH变动在6.7～9，全湖平均为7.87，湖水呈弱碱性，3个湖区差异不大。

3个湖区pH周年变化几乎一致，9月出现最高值，平均为8.27；最低值出现在8月份，平均为6.8。而在5月和9月，3个湖区有差异，东蠡湖最高，美湖最低。

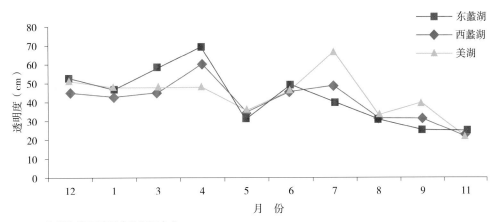

图 2-6 蠡湖各湖区透明度的逐月变化

Fig. 2-6 The monthly changes of SD in different regions of Lihu Lake

2.2.2 主要化学特性

（1）溶解氧：蠡湖全湖水中溶解氧（DO）变动在 5.77 ~ 9.7mg/L，年平均为 7.79mg/L。表层和底层差异不明显，平面分布差异也不大。溶解氧的逐月变化见图 2-7，全湖平均值最高出现在 11 月，为 9.03mg/L。季节变化方面，除冬季较低外，随气温上升溶解氧均处于 8mg/L 以上，5 ~ 7 月溶解氧处于饱和或过饱和状态（图 2-8），但 8 月有所下降，为 7.39mg/L。东蠡湖和西蠡湖变化趋势一致；美湖夏季溶解氧低，秋季才有所上升。

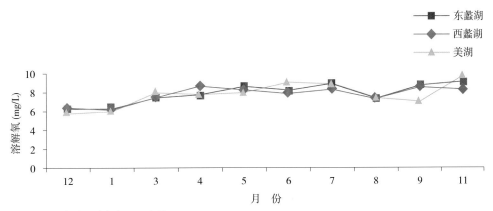

图 2-7 蠡湖各湖区溶解氧逐月变化

Fig. 2-7 The monthly changes of DO in different regions of Lihu Lake

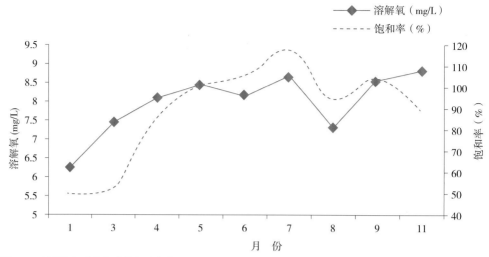

图 2-8 溶解氧及其饱和率的逐月变化

Fig. 2-8 The monthly changes of DO and its saturated rate

（2）高锰酸盐指数：蠡湖高锰酸盐指数（COD_{Mn}）变动在 4.58 ~ 9.23mg/L，年平均为 6.532mg/L。3 个湖区年耗氧量平面分布无差异，东蠡湖为 6.562mg/L，西蠡湖为 6.492mg/L，美湖为 6.587mg/L。

全湖月平均高锰酸盐指数呈双峰形，逐月变动趋势见图 2-9。西蠡湖和东蠡湖较为一致，为冬季和 6 月较低，4 月最高，其次 5 月、8 月和 9 月较高；美湖在 3 ~ 6 月高锰酸盐指数均高于西蠡湖和东蠡湖，7 月为全湖最低（4.96mg/L），8 月又为全湖最高（8.12mg/L），到 11 月又为全湖最低（5.05mg/L），表明美湖生态的不稳定性。

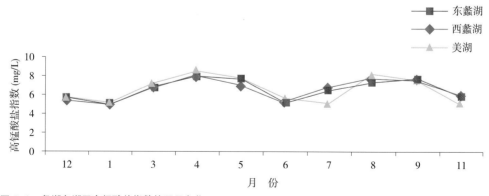

图 2-9 蠡湖各湖区高锰酸盐指数的逐月变化

Fig. 2-9 The monthly changes of COD_{Mn} in different regions of Lihu Lake

（3）总硬度：湖水硬度较高，全湖变动在 8.09 ~ 15.78 德国度（1 德国度＝17.848mg/L），平均 11.2 德国度，属中等硬水。平面分布无显著差异。

图 2-10 为 3 个湖区的水硬度逐月变化情况，硬度高峰值出现在 6 月，平均15.35 德国度；最低值出现在 8 月，平均 8.24 德国度。季节变化为秋、冬较稳定，春、夏变动大。美湖除 3 月硬度为 13.74 德国度、高于其他两湖区外，其他月份的硬度与其他两湖区几近一致。

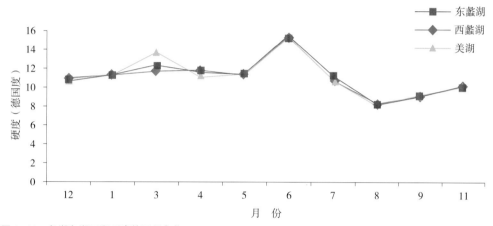

图 2-10　蠡湖各湖区湖硬度的逐月变化

Fig. 2-10　The monthly changes of hardness in different regions of Lihu Lake

（4）钙、镁离子含量：湖水中的钙离子（Ca^{2+}）含量全湖变动在 34.61 ~ 93.54mg/L，平均 59.443mg/L。平面分布 3 湖区相近，以美湖稍高，其次为东蠡湖和西蠡湖。逐月变化情况由图 2-11 可看出，年内最高值出现在 6 月。东蠡湖平均为 86.86mg/L，最低值出现在 8 月；美湖平均为 33.08mg/L。变动最大的湖区是美湖，在 1 月也较高，平均 74.15mg/L。

湖水中的镁离子（Mg^{2+}）含量全湖变动在 3.84 ~ 18.7mg/L，平均 12.28mg/L。平面分布 3 个湖区也相近，以西蠡湖稍高，其次为东蠡湖和美湖。逐月变化情况由图 2-11 可看出，最高值出现在 6 月，平均为 14.99mg/L；最低值出现在 1 月，平均为 8.11mg/L。总体看，美湖的镁离子含量变动较大，1 月仅为 3.84mg/L，4 月和 7 月也较其他两湖区低，而 3 月和 8 月大大高于其他两湖区，秋季后才与其他两湖区较一致。

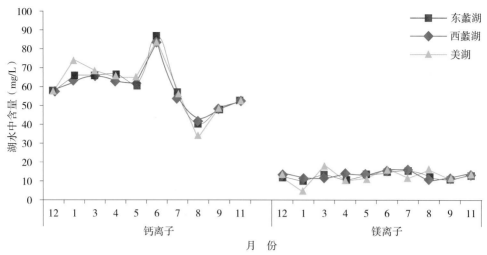

图 2-11　蠡湖各湖区钙、镁离子含量月变动情况

Fig. 2-11　The monthly changes of Ca²⁺ and Mg²⁺ in different regions of Lihu Lake

2.2.3　主要营养元素

（1）总氮：湖水中的总氮（TN）含量全湖变动在 1.34 ~ 6.49mg/L，平均 4.746mg/L。3 个湖区的分布情况为：西蠡湖变动在 1.34 ~ 6.35mg/L，平均 4.596mg/L；东蠡湖变动在 1.72 ~ 6.49mg/L，平均 4.879mg/L；美湖变动在 2.33 ~ 6.09mg/L，平均 4.816mg/L。西蠡湖经生态修复后总氮略低于其他两湖区。

3 个湖区总氮含量周年逐月变动情况如图 2-12，西蠡湖和东蠡湖基本相似，有两个高峰值，分别在 4 月和 7 月。美湖 7 月总氮为全湖最高，达 6.69mg/L；4 月则大大低于其他两湖区近 1mg/L；全年总氮低值出现在 9 月，平均 2.32mg/L。1 月全湖总氮平均尚处于 3.68mg/L。

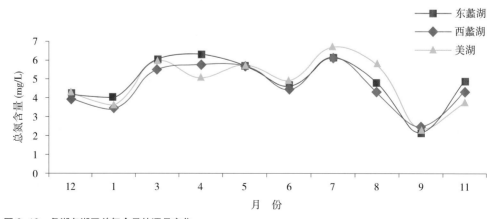

图 2-12　蠡湖各湖区总氮含量的逐月变化

Fig. 2-12　The monthly changes of TN in different regions of Lihu Lake

（2）氨氮：氨氮（NH_4^+-N）含量全湖变动在 0.056 ~ 1.835mg/L，平均 0.625mg/L。3 个湖区的分布量为：西蠡湖变动在 0.06 ~ 1.658mg/L，平均 0.559mg/L；东蠡湖变动在 0.05 ~ 1.835mg/L，平均 0.675mg/L；美湖变动在 0.05 ~ 1.792mg/L，平均 0.717mg/L。

3 个湖区氨氮含量周年逐月变动情况如图 2-13，3 个湖区变动情况基本相似，蠡湖经生态修复后氨氮含量逐月下降，由 2006 年 12 月至 2017 年 3 月有较大幅度的下降，4 月先上升后再持续下降，直至 8 月才有所回升。其中，直接生态修复的西蠡湖，氨氮含量下降快且全年低于东蠡湖和美湖；美湖距生态修复区远，因而氨氮含量一直高于西蠡湖和东蠡湖。

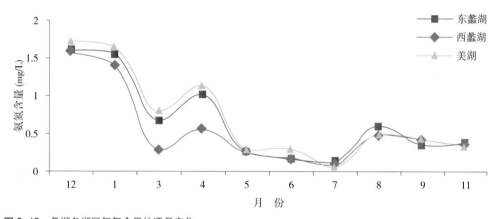

图 2-13 蠡湖各湖区氨氮含量的逐月变化

Fig. 2-13 The monthly changes of NH_4^+-N in different regions of Lihu Lake

（3）硝酸盐氮：硝酸盐氮（NO_3^--N）含量全湖变动在 0.11 ~ 2.35mg/L，平均 0.979mg/L。3 个湖区的分布量为：西蠡湖变动在 0.11 ~ 2.35mg/L，平均 0.868mg/L；东蠡湖变动在 0.11 ~ 2.26mg/L，平均 1.067mg/L；美湖变动在 0.12 ~ 2.12mg/L，平均 1.105mg/L。

3 个湖区硝酸盐氮含量周年逐月变动情况如图 2-14。3 个湖区变动情况为：西蠡湖呈单峰形，6 月出现平均最高值 2.23mg/L，9 月为平均最低值 1.37mg/L；东蠡湖和美湖几乎一致，由 2006 年的 12 月到 2017 年 3 月逐渐降低，然后快速上升，4 ~ 6 月逐渐达到最高值，为 2.1mg/L 左右；7 月美湖尚高于其他两湖区，但 9 月为全湖最低值 0.12mg/L。

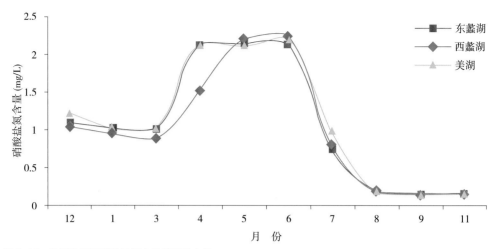

图 2-14　蠡湖各湖区硝酸盐氮含量的逐月变化
Fig. 2-14　The monthly changes of NO₃-N in different regions of Lihu Lake

（4）亚硝酸盐氮：天然水体中亚硝酸盐氮（NO_2^--N）含量比较低。蠡湖水中亚硝酸盐氮含量也较低，变动在 0.07 ~ 0.69mg/L，全湖平均 0.405mg/L。3 个湖区亚硝酸盐氮含量美湖稍高，西蠡湖稍低。

亚硝酸盐氮含量的周年变化如图 2-15，3 个湖区含量不一，变化也不一，但总体情况相同。这是因为亚硝酸盐氮为水中不稳定产物，在良好的氧化环境中容易被氧化为硝酸盐氮，溶氧不足条件下易被还原为氨氮。

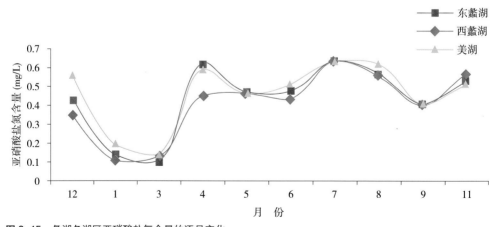

图 2-15　蠡湖各湖区亚硝酸盐氮含量的逐月变化
Fig. 2-15　The monthly changes of NO₂-N in different regions of Lihu Lake

蠡湖水中氮化合物的百分比组成中，各湖区均以有机氮所占百分比较高，全湖平均为 56.5%。无机氮中硝酸盐氮的比例较高，平均占总氮的 21.2%（表 2-10）。

表 2-10　蠡湖各湖区氮化合物的含量及百分比组成

Table 2-10　The content and percentage of nitrogen compounds in different regions of Lihu Lake

湖区	亚硝酸盐氮		硝酸盐氮		氨氮		有机氮		总氮
	含量（mg/L）	占总氮百分比（%）	含量（mg/L）	占总氮百分比（%）	含量（mg/L）	占总氮百分比（%）	含量（mg/L）	占总氮百分比（%）	含量（mg/L）
西蠡湖	0.388	8.44	0.868	18.89	0.559	12.16	2.781	60.51	4.596
东蠡湖	0.417	8.55	1.067	21.87	0.675	13.83	2.720	55.75	4.879
美湖	0.432	8.97	1.105	22.94	0.717	14.89	2.562	53.20	4.816
平均	0.412	8.70	1.013	21.20	0.65	13.60	2.688	56.50	4.76

（5）总磷：湖水中的总磷（TP）含量全湖变动在 0.001 ~ 0.251mg/L，平均 0.029mg/L。3 个湖区的分布特点为：西蠡湖变动在 0.001 ~ 0.203mg/L，平均 0.029mg/L；东蠡湖变动在 0.002 ~ 0.251mg/L，平均 0.03mg/L；美湖变动在 0.007 ~ 0.09mg/L，平均 0.02mg/L。美湖的总磷含量略低于其他两湖区。

3 个湖区总磷含量周年逐月变化情况如图 2-16，6 月全湖呈低值，平均 0.11mg/L；8 月 3 个湖区均出现高峰值，其中西蠡湖为 0.068mg/L、东蠡湖为 0.09mg/L、美湖为 0.094mg/L；9 月，西蠡湖、东蠡湖仍维持高含量值，而美湖则下降为 0.012mg/L；至 11 月总磷含量才回落。

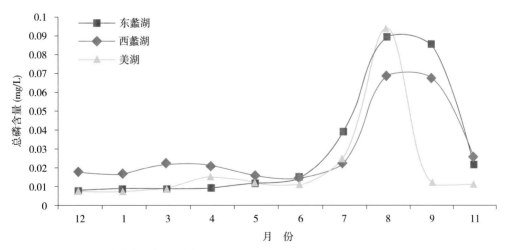

图 2-16　蠡湖各湖区总磷含量的逐月变化

Fig. 2-16　The monthly changes of TP in different regions of Lihu Lake

（6）磷酸盐：蠡湖水中磷酸盐（$PO_4^{3-}-P$）含量较低，全湖变动在 0 ~ 0.002mg/L，平均 0.000 58mg/L。

　　3个湖区磷酸盐含量的周年逐月变化情况无规律可循。由图2-17可见，西蠡湖4～9月有较高值，变动在0～0.002mg/L，最高值出现在7月，平均0.00083mg/L；东蠡湖4～11月有较高值，变动在0～0.002mg/L，最高值出现在11月，平均0.00086mg/L；美湖3～6月有较高值，变动在0.0006～0.001mg/L，7月后几乎检测不到。另外，7月和11月时，西蠡湖和东蠡湖的磷酸盐含量高低值恰恰相反。

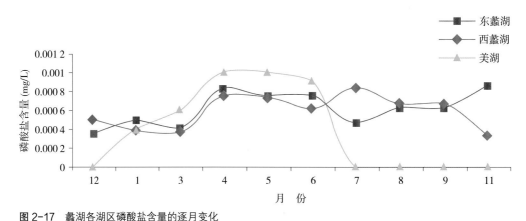

图2-17　蠡湖各湖区磷酸盐含量的逐月变化

Fig. 2-17　The monthly changes of PO_4^{3-}-P in different regions of Lihu Lake

　　磷元素是水体营养水平的重要化学指标。蠡湖各湖区磷化合物的含量及百分比组成见表2-11，各湖区均以有机磷（OP）所占百分比较高，全湖平均为99.25%；无机磷的比例很低，仅2%左右。

表2-11　蠡湖各湖区磷化合物的含量及百分比组成

Table 2-11　The content and percentage of phosphorus compounds in different regions of Lihu Lake

湖区	磷酸盐		有机磷		总磷
	含量（mg/L）	占总磷百分比（%）	含量（mg/L）	占总磷百分比（%）	含量（mg/L）
西蠡湖	0.00059	1.97	0.02917	98.03	0.0298
东蠡湖	0.00061	2.08	0.02898	97.92	0.0296
美湖	0.00039	1.92	0.02006	98.81	0.0203
平均	0.00053	1.99	0.02607	98.25	0.0266

　　蠡湖水中氮、磷含量按《地表水环境质量标准》（GB 3838—2002）划分：总氮为Ⅴ类，总磷为Ⅲ类。蠡湖各湖区水质理化特性和营养元素的比较见表2-12。

表 2-12　蠡湖各湖区水质理化特性和营养元素的比较

Table 2-12　Comparison of water physicochemical and the contents of main nutrient element in different regions of Lihu Lake

湖　区	项目	月　份										全湖年均
		12	1	3	4	5	6	7	8	9	11	
西蠡湖	pH	8.06	8.17	8.02	8.04	7.78	8.11	8.23	6.95	8.32	7.63	
东蠡湖		8.04	8.04	7.81	7.86	7.43	8.08	8.2	6.8	8.59	7.49	7.87
美湖		8.04	8.1	8.1	7.86	7.03	8.08	8.2	6.67	7.9	7.6	
西蠡湖	SD（cm）	44.58	42.78	44.5	60	34.5	45.42	48.75	30.5	31.33	22.5	
东蠡湖		51.88	46.63	58.06	69.13	30.63	49	39.94	30.38	25.25	24.63	41.7
美湖		51	48	48	48	36	46	66	33	40	22	
西蠡湖	DO（mg/L）	6.265	6.12	7.4	8.65	8.32	7.92	8.29	7.27	8.49	8.27	
东蠡湖		6.25	6.37	7.45	7.72	8.58	8.22	8.95	7.34	8.76	9.13	7.79
美湖		5.77	5.98	8	7.85	7.99	9.01	8.92	7.56	7.03	9.7	
西蠡湖	COD_{Mn}（mg/L）	5.27	4.86	6.675	8.158	7.033	5.075	6.61	7.738	7.542	5.96	
东蠡湖		5.661	5.158	6.739	7.886	7.659	5.148	6.401	7.308	7.671	5.993	6.532
美湖		5.81	5.09	7.18	8.53	7.88	5.61	4.96	8.12	7.64	5.05	
西蠡湖	TN（mg/L）	3.94	3.397	5.5	5.75	5.71	4.428	6.157	4.305	2.48	4.282	
东蠡湖		4.206	4.021	6.029	6.284	5.695	4.614	6.109	4.798	2.159	4.879	4.746
美湖		4.3	3.618	5.97	5.05	5.74	4.91	6.69	5.78	2.33	3.77	
西蠡湖	TP（mg/L）	0.017	0.016	0.022	0.021	0.016	0.014	0.022	0.069	0.068	0.025	
东蠡湖		0.008	0.009	0.009	0.009	0.012	0.014	0.039	0.09	0.086	0.022	0.029
美湖		0.007	0.007	0.009	0.015	0.012	0.011	0.025	0.094	0.012	0.011	
西蠡湖	NH_4^+-N（mg/L）	1.592	1.412	0.281	0.552	0.244	0.171	0.085	0.486	0.413	0.359	
东蠡湖		1.62	1.561	0.674	1.024	0.25	0.157	0.129	0.599	0.352	0.381	0.625
美湖		1.729	1.651	0.793	1.128	0.284	0.293	0.05	0.487	0.426	0.331	
西蠡湖	NO_2^--N（mg/L）	0.35	0.107	0.128	0.45	0.463	0.433	0.635	0.558	0.4	0.565	
东蠡湖		0.435	0.133	0.101	0.623	0.469	0.474	0.635	0.568	0.408	0.533	0.405
美湖		0.56	0.19	0.14	0.59	0.46	0.51	0.63	0.62	0.41	0.51	
西蠡湖	NO_3^--N（mg/L）	1.038	0.947	0.882	1.516	2.188	2.23	0.798	0.172	0.137	0.14	
东蠡湖		1.094	1.013	0.994	2.085	2.135	2.129	0.736	0.193	0.141	0.151	0.979
美湖		1.21	1.01	1.02	2.12	2.1	2.19	0.98	0.17	0.12	0.13	
西蠡湖	PO_4^{3-}-P（mg/L）	0.0005	0.0004	0.0004	0.0008	0.0007	0.0006	0.0008	0.0007	0.0007	0.0003	
东蠡湖		0.0004	0.0005	0.0004	0.0008	0.0008	0.0008	0.0005	0.0006	0.0006	0.0009	0.0006
美湖		0	0.0004	0.0006	0.001	0.001	0.0009	0	0	0	0	

2.3　2007 年蠡湖浮游生物生态学特征

2.3.1　浮游植物生态学特征

（1）种类组成：通过 1 ~ 11 月的 9 次调查采样，鉴定出绿藻、硅藻、蓝藻、裸藻、隐藻、甲藻、黄藻和金藻，共 8 门、123 种（包括变种和变形）。其中，绿藻种数最多，共 57 种，占浮游植物总种数的 46.3%；硅藻次之，共 23 种，占浮游植物总种数的 18.7%；蓝藻和裸藻的种类数相当，分别为 17 种和 16 种，占浮游植物总种数的 13.8% 和 13.0%；隐藻 5 种，占浮游植物总种数的 4.1%；其余各门合计占浮游植物总种数的 4.1%。周年出现的浮游植物种类组成见表 2-13。

表 2-13　2007 年蠡湖浮游植物种类组成
Table 2-13　Species composition of phytoplankton in Lihu Lake in 2007

种　　名
小型平藻（*Pedinomonas minor* Korsch.）
小球衣藻（*Chlamydomonas microsphaera* Pasch.et Jah.）
球衣藻（*Chlamydomonas globosa* Snow）
卵形衣藻（*Chlamydomonas ovalis* Pasch.）
异形藻（*Dysmorphococcus variabilis* Tak.）
小球藻（*Chlorella vulgaris* Beij.）
椭圆小球藻（*Chlorella ellipsoidea* Gren.）
镰形纤维藻 [*Ankistrodesmus falcatus*（Cord.）Ralfs]
镰形纤维藻奇异变种（*Ankistrodesmus falcatus* Var. mirabilis G. S. West）
针形纤维藻 [*Ankistrodesmus acicularis*（A.Br.）Korsch.]
卷曲纤维藻（*Ankistrodesmus convolutes* Cord.）
狭形纤维藻（*Ankistrodesmus angustus* Bern.）
集球藻 [*Palmellococcus Chodat*（Kütz.）Chod.]
细丝藻 [*Ulothrix tenerrima*（Kütz.）Kütz.]
长绿梭藻（*Chlorogonium elongatum* Dang.）
弓形藻（*Schroederia setigera* Lemm.）
硬弓形藻（*Schroederia robusta* Korsch Korsch.）
螺旋弓形藻 [*Schroederia spiralis*（Pintz）Korsch.]
拟菱形弓形藻 [*Schroederia nitzschioides*（West.）Korsch.]
纤细新月藻（*Closterium gracile* Breb.）
小新月藻（*Closterium venus* Kütz.）
美丽胶网藻（*Dictyosphaerium pulchellum* Wood.）

（续表）

种　名
蹄形藻 [*Kirchneriella lunaris*（Kirch.）Moeb.]
湖生卵囊藻（*Oocystis Lacustris* Chod.）
小型卵囊藻（*Oocystis parva* E. et G. S. West）
单生卵囊藻（*Oocystis solitaria* Wittr.）
月牙藻（*Selenastrum bibraianum* Reinsch.）
纤细月牙藻（Selenastrum gracile Reinsch.）
小型月牙藻 [*Selenastrum minutum*（Näg.）Coll.]
端尖月牙藻（*Selenastrum westii* G. M. Smith.）
集星藻（*Actinastrum hantzschii* Lag.）
纺锤藻（*Elakatothrix gelatinosa* Wille.）
盘星藻 [*Pediastrum clathratum*（Schroeter）Lemm.]
双射盘星藻（*Pediastrum biraditum* Mey.）
单角盘星藻 [*Pediastrum simplex*（Mey.）Lemm.]
单角盘星藻具孔变种 [*Pediastrum simplex* var. *duodenarium*（Bail.）Rabenh.]
二角盘星藻纤细变种（*Pediastrum duplex* var. *gracillimum* W. et G. S. West）
四角盘星藻 [*Pediastrum tetras*（Her.）Ralfs]
韦氏藻 [*Westella botryoides*（W. West）wild.]
实球藻 [*Pandorina morlzm*（Muell.）Bory.]
十字藻 [*Crucigenia apiculata*（Lemm.）Schm.]
四角十字藻（*Crucigenia quadrata* Morr.）
四足十字藻 [*Crucigenia tetrapedia*（Kirch）W. et G. S. West]
华美十字藻（*Crucigenia lauterbornei* Schm.）
并联藻 [*Quadrigula chodatii*（Tan-Ful.）G. M. Smith]
四刺顶棘藻（*Chodatella quadriseta* Lemm.）
十字顶棘藻 [*Chodatella wratislaviensis*（Schr.）Ley.]
环丝藻 [*Ulothrix zonata*（Web. et Mohr）Kütz.]
单棘四星藻 [*Tetrastrum hastiferum*（Arn.）Korsch.]
短刺四星藻 [*Tetrastrum staurogeniae forme*（Schr.）Lemm.]
双对栅藻 [*Scenedesmus bijugatus*（Turp.）Lag.]
齿牙栅藻（*Scenedesmus denticulatus* Lag.）
斜生栅藻 [*Scenedesmus obliquus*（Turp.）Kütz.]
爪哇栅藻（*Scenedesmus javaensis* Chod.）

（续表）

种　名
被甲栅藻 [*Scenedesmus armatus*（Chod.）Smith]
四尾栅藻 [*Scenedesmus quadricauda*（Turp.）Breb.]
鼻形鼓藻（*Cosmarium nastutum* Nordst.）
圆筒锥囊藻（*Dinobryon cylindricum* Imh.）
小型黄丝藻 [*Tribonema minus*（Will.）Haz.]
钝角绿藻 [*Goniochloris mutica*（Br.）Fott.]
带多甲藻（*Peridinium zonatum* Playf.）
角甲藻 [*Ceratium hirundinella*（Müll.）Schr.]
螺旋鞘丝藻（*Lyngbya contarata* Lemm.）
小型色球藻 [*Chroococcus minor*（Kütz.）Näg.]
微小色球藻 [*Chroococcus minutus*（Kütz.）Näg.]
水华鱼腥藻 [*Anabaena flos-aquae*（Lyngb.）Breb.]
卷曲鱼腥藻（*Anabaena circinalis* Rab.）
束缚色球藻 [*Chroococcus tenax*（Kirch.）Hier.]
针晶蓝纤维藻镰刀型（*Dactylococcopsis acicularis* f. *falciformis* Printz.）
针状蓝纤维藻（*Dactylococcopsis Aciculais* Lemm.）
顿顶螺旋藻 [*Spirulina platensis*（Nordst.）Geitl.]
极大螺旋藻（*Spirulina maxima* Setch. et Gardn）
污泥颤藻（*Oscillatoria limosa* Ag.）
美丽颤藻（*Oscillatoria formossa* Bory.）
两栖颤藻（*Oscillatoria amphibia* Ag.）
小颤藻（*Oscillatoria tenuis* Ag.）
铜绿微囊藻（*Microcystis aeruginisa* Kütz.）
具缘微囊藻 [*Microcystis marginata*（Monegh）Kütz.]
小席藻 [*Phorimidium tenus*（Menegh）Gom.]
啮蚀隐藻（*Cryptomonas erosa* Ehr.）
卵形隐藻（*Cryptomonas ovata* Ehr.）
长形蓝隐藻（*Chroomonas oblonga*）
尖尾蓝隐藻（*Chroomonas acuta* Uterm.）
杯胞藻（*Cyathomonas truncate* Fres.）
扁圆卵形藻 [*Cocconeis placeentula*（Ehr.）Hust.]
普通等片藻（*Diatoma vualgare* Bory.）

（续表）

种　名
椭圆舟形藻（*Navicula schoenfeldii* Hust.）
圆环舟形藻（*Navicula placenta* Ehr.）
尖头舟形藻（*Navicula cuspidada* Kütz.）
隐头舟形藻（*Navicula cryptocephala* Kütz.）
瞳孔舟形藻矩形变种 [*Navicula pupula* var. *rectangularis*（Greg.）Grun.]
短线脆杆藻（*Fragilaria brevistriata* Grun.）
螺旋颗粒直链藻（*Melosira granulate* var.*angustissima* f. *spiralis* Hust.）
湖沼圆筛藻（*Coscinodiscus lacustris* Grun.）
意大利直链藻（*Melosira italica*）
近小头羽纹藻（*Pinnularia subcapitata* Greg.）
楔形藻（*Licmophora gracilis*）
近缘桥弯藻（*Cymbella affinis* Kütz.）
钝脆杆藻（*Fragilaria capucina* Desm.）
尖针杆藻（*Synedra acus* Kütz.）
偏凸针杆藻（*Synedra vaucheriae* Kütz.）
间断羽纹藻（*Pinnularia interrupta* W. Smith.）
窄异极藻延长变种（*Gomphonema angustatum* var. *producta* Grun.）
微细异极藻 [*Gomphonema parvulum*（Kütz.）Grun.]
缢缩异极藻（*Gomphonema constrictum* Ehr.）
短小曲壳藻（*Achnanthes exigua* Grun.）
梅尼小环藻（Cyclotella meneghiniana Kütz.）
光滑壶藻（*Urceolus gobii* Skv. Emend.）
椭圆磷孔藻（*Lepocinclis steinii* Lemm. em. Conr.）
具棘磷孔藻（*Lepocinclis horrida* Jao. et Lee）
平滑磷孔藻 [*Lepocinclis teres*（Schmitz）France.]
卵形磷孔藻卵圆变种（*Lepocinclis ovum* var. *ovata* Swir.）
梭形裸藻（*Euglena acus* Ehr.）
鱼形裸藻（*Euglena pisciformis* Klebs.）
膝曲裸藻（*Euglena geniculata* Duj.）
尖尾裸藻（*Euglena oxyuris* Schmar.）
敏捷扁裸藻（*Phacus agilis* Skuja.）
扭曲扁裸藻 [*Phacus tortus*（Lemm.）Skv.]

（续表）

种 名

三棱扁裸藻 [*Phacus tirqueter*（Ehr.）Duj.]

圆柱扁裸藻（*Phacus cylindrus* Pochm.）

颤动扁裸藻（*Phacus oscillans* Klebs.）

蠡湖浮游植物种类组成周年逐月变化情况如图 2-18。由图可看出，各月之间的浮游植物总种数变化较大，但总种数的月间变化趋势与绿藻、硅藻的月间变化趋势完全一致，呈现出从 1 月到 3 月种类数逐渐增加至最多，3 月时浮游植物总种数、绿藻门种数和硅藻门种数分别为 60 种、35 种和 11 种；从 3 月到 9 月种类数逐渐减少；9 月最少，浮游植物总种数、绿藻门种数和硅藻门种数分别为 18 种、9 种和 1 种；从 9 月到 11 月种类数又开始逐渐回升，11 月时浮游植物总种数、绿藻门种数和硅藻门种数分别为 22 种、11 种和 3 种。

蠡湖浮游植物总种数的季节变化趋势表现为：冬、春季节种类数多，夏、秋季节种类数少。而且各月的浮游植物种类组成与全年的相似，均以绿藻种类最多，硅藻次之，之后分别为蓝藻、裸藻和隐藻。

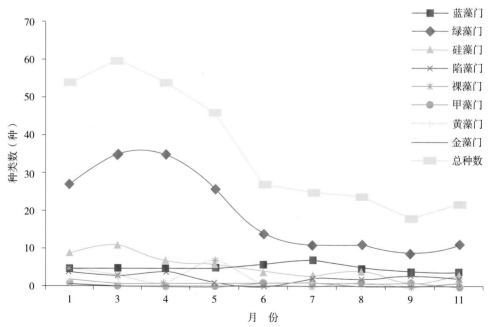

图 2-18 蠡湖浮游植物种类组成周年变化

Fig. 2-18 *Change of phytoplankton species in Lihu Lake in one year*

（2）数量和生物量：2007 年蠡湖浮游植物数量变化在 $386.2 \times 10^4 \sim 5\,581.9 \times 10^4$ cells/L（图 2-19）。从季节变化上看，以夏季最高，春季次之，之后分别为秋季和冬季。一年中浮游植物数量的最高峰和次高峰分别出现在夏季的 7 月和 6 月，分别达 $5\,581.9 \times 10^4$ cells /L 和 $2\,288.0 \times 10^4$ cells/L；之后是春季的 3 月，为 $1\,856.9 \times 10^4$ cells/L；最低值则为冬季的 1 月，仅为 386.2×10^4 cells/L。最高值分别是次高值和最低值的 2.4 倍和 14.5 倍，表明蠡湖浮游植物数量月间变化大。

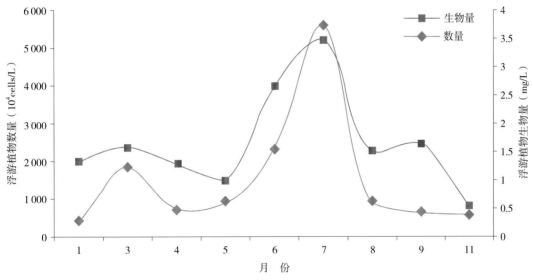

图 2-19　浮游植物数量和生物量周年变化

Fig. 2-19　Quantity and biomass of phytoplankton in one year

从浮游植物数量组成上看（表 2-14），2007 年 1 ~ 11 月均以绿藻数量最多，占浮游植物总数量的百分比变化在 46.03% ~ 93.31%。其他各门藻类数量随季节和月份变化大：其中 1 月金藻数量仅次于绿藻，占浮游植物总数量的 2.44%；3 月和 4 月隐藻数量仅次于绿藻，分别占浮游植物总数量的 10.97% 和 45.21%；5 ~ 9 月蓝藻数量仅次于绿藻，占浮游植物总数量的百分比变化在 17.96% ~ 43.80%；11 月则又转变为隐藻数量仅次于绿藻，占浮游植物总数量的 8.41%。2007 年蠡湖各门藻类平均数量的大小顺序为：绿藻门（64.80%）＞蓝藻门（27.68%）＞隐藻门（5.97%）＞硅藻门（1.07%）＞裸藻门（0.11%）＞金藻门（0.07%）＞黄藻门（0.04%）＞甲藻门（0.01%）。

（3）生物量：2007 年蠡湖浮游植物生物量变化在 0.541 ~ 3.491mg/L。生物量的月间变化趋势与其数量的月间变化趋势有些相似（图 2-19），但也存在差异。一年中浮游植物生物量的最高值和次高值分别出现在夏季的 7 月和 6 月，分别达 3.491mg/L

表 2-14 2007 年蠡湖浮游植物数量

Table 2-14 Quantity of phytoplankton in Lihu Lake in 2007

种类	浮游植物数量（10^4 cells/L）									
	1月	3月	4月	5月	6月	7月	8月	9月	11月	平均
绿藻	360.40	1 586.00	358.10	597.60	1 459.00	3 334.20	421.50	387.30	499.10	1 000.30
蓝藻	3.60	11.70	11.10	158.00	814.50	2241.20	401.10	186.20	18.90	427.40
隐藻	4.40	203.70	331.60	108.90	0	4.30	46.20	79.80	50.10	92.10
硅藻	6.80	44.00	28.60	11.90	13.70	1.30	16.20	0	26.60	16.60
裸藻	0.70	10.60	1.30	1.40	0.40	0	0.10	0	0.20	1.60
甲藻	0.10	0	0	0	0.20	0.60	0.20	0.50	0	0.20
黄藻	0.80	0.80	2.80	0	0	0.40	0	0	0.90	0.60
金藻	9.40	0	0	0	0	0	0	0	0	1.00
总量	386.20	1 856.90	733.40	879.70	2 288.00	5 581.90	915.80	655.20	595.700	1 543.70

和 2.671mg/L；之后是秋季的 9 月，为 1.655mg/L。而在浮游植物数量上，3 月、4 月、5 月、8 月的均远远高于 9 月的，但浮游植物生物量却是 9 月的高于 3 月、4 月、5 月、8 月的（图 2-19）。这主要是由于各个月份中浮游植物细胞数量和生物量中占主导地位的种类组成存在差异。因为生物量的高低除与细胞数量有关外，还与细胞个体大小密切相关，相对于 3 月、4 月、5 月、8 月而言，9 月出现的大型种类比较多，如卵形隐藻、角甲藻等。浮游植物生物量的最低值则出现在秋季的 11 月，仅为 0.541mg/L。浮游植物生物量的最高值分别是次高值和最低值的 2.1 倍和 6.5 倍，表明蠡湖浮游植物生物量月间变化大（表 2-15）。

表 2-15 2007 年蠡湖浮游植物生物量（湿重）

Table 2-15 Biomass (wet weight) of phytoplankton in Lihu Lake in 2007

种类	浮游植物生物量（mg/L）									
	1月	3月	4月	5月	6月	7月	8月	9月	11月	平均
绿藻	1.086	0.871	0.370	0.604	0.726	1.659	0.202	0.193	0.243	1.420
蓝藻	0.002	0.006	0.008	0.081	1.902	1.769	0.885	0.747	0.149	0.617
隐藻	0.040	0.263	0.669	0.109	0	0.030	0.284	0.468	0.103	0.288
硅藻	0.071	0.162	0.223	0.076	0.021	0.003	0.112	0.014	0.036	0.110
裸藻	0.042	0.086	0.026	0.135	0.011	0	0.012	0	0.009	0.054
甲藻	0.003	0	0	0	0.012	0.029	0.012	0.233	0	0.004
黄藻	0.006	0.004	0.014	0.01	0	0	0	0	0.001	0.010
金藻	0.094	0	0	0	0	0	0	0	0	0.032
总量	1.346	1.584	1.309	1.014	2.671	3.491	1.507	1.655	0.541	2.537

浮游植物生物量组成与其数量组成相差较大，主要是由浮游植物种类组成的差异性造成的。从生物量组成的月间变化看，1～3月、5月、11月以绿藻生物量最大，变化在0.243～1.086mg/L，占浮游植物总生物量的百分比变化在44.92%～80.68%；4月以隐藻生物量最大，为0.669mg/L，占浮游植物总生物量的51.11%；6～9月以蓝藻生物量最大，变化在0.747～1.902mg/L，占浮游植物总生物量的百分比变化在45.14%～71.21%。2007年蠡湖各门藻类平均生物量的大小顺序为：绿藻门（56.05%）＞蓝藻门（24.32%）＞隐藻门（11.35%）＞硅藻门（4.34%）＞裸藻门（2.13%）＞甲藻门（1.26%）＞金藻门（0.39%）＞黄藻门（0.16%）。可见，2007年蠡湖各门藻类平均生物量与平均数量的排列顺序有所差异。

（4）群落相似性：以浮游植物群落相似性分析（表2-16）可以看出，2007年蠡湖各月间的浮游植物相似性指数变化在0.13～0.56，1月和6月两个月之间的相似性指数最小，8月和9月两个月之间的相似性指数最大。表明1月和6月两月的生境差异大，而8月和9月两个月的生境差异小。除7月和8月两个月及8月和9月两个月之间的相似性指数大于0.5外，其余各月间的相似性指数均在0.5以下。按相似性指数分级标准可知，凡相似等级是Ⅲ级的为轻度相似，Ⅳ级的为中度相似。由表2-16可见，1月与3月、4月的相似等级是Ⅲ级；3月与4月、5月的相似等级是Ⅲ级；4月与5月的相似等级是Ⅲ级；5月与6月、8月、11月的相似等级均是Ⅲ级；6月与7月、8月、11月的相似等级均是Ⅲ级；7月与8月的相似等级是Ⅳ级，与9月、11月的相似等级是Ⅲ级；8月与9月的相似等级是Ⅳ级，与11月的相似等级是Ⅲ级；9月与11月的相似等级是Ⅲ级。可见，蠡湖1月、3月、4月、5月的生境相似，

表 2-16　蠡湖浮游植物相似性指数

Table 2-16　Similarity indexes of phytoplankton between months in Lihu Lake

	1月	3月	4月	5月	6月	7月	8月	9月	11月
1月	1	0.28	0.29	0.24	0.13	0.16	0.16	0.18	0.19
3月		1	0.37	0.26	0.13	0.16	0.17	0.16	0.17
4月			1	0.45	0.21	0.20	0.22	0.16	0.23
5月				1	0.30	0.25	0.32	0.21	0.26
6月					1	0.30	0.34	0.25	0.36
7月						1	0.53	0.48	0.38
8月							1	0.56	0.35
9月								1	0.38
11月									1

而 6 月、7 月、8 月、9 月、11 月的生境相似，其中 7 月、8 月、9 月 3 个月的生境最相似。总体而言，除 7 月、8 月、9 月 3 个月间的相似性较近外，其他月份间的相似性均较小，显示出这些月份的生境变化较大。

（5）优势种、多样性和均匀度：以优势度指数 Y > 0.02 定位优势种，则 2007 年 1 ~ 11 月 9 次采样共发现优势种 4 门、14 种（表 2-17），优势种分别为绿藻门的小球藻、小球衣藻、小型平藻、卵形衣藻、针形纤维藻、双对栅藻、硬弓形藻，隐藻门的尖尾蓝隐藻，蓝藻门的铜绿微囊藻、两栖颤藻、污泥颤藻、美丽颤藻，以及硅藻门的湖沼圆筛藻、短小舟形藻。其中以绿藻门、蓝藻门、隐藻门种类为主。在优势种季节演替方面，冬春季节主要优势种演替明显；春末至秋季，主要优势种演替不明显，特别是在 5 ~ 9 月，基本上均以小球藻、微囊藻、颤藻为主要优势种。

表 2-17　蠡湖浮游植物优势种周年变化
Table 2-17　The yearly predominant species change of phytoplankton in Lihu Lake

月　份	优　势　种
1	小球衣藻（0.78）、小球藻（0.10）
3	小型平藻（0.46）、小球藻（0.30）、尖尾蓝隐藻（0.09）、卵形衣藻（0.03）、针形纤维藻（0.02）
4	尖尾蓝隐藻（0.43）、小球藻（0.34）、双对栅藻（0.04）、湖沼圆筛藻（0.03）
5	小球藻（0.47）、尖尾蓝隐藻（0.12）、铜绿微囊藻（0.12）、硬弓形藻（0.06）、针形纤维藻（0.06）
6	小球藻（0.59）、两栖颤藻（0.26）、铜绿微囊藻（0.09）
7	小球藻（0.58）、铜绿微囊藻（0.35）、污泥颤藻（0.03）
8	小球藻（0.39）、铜绿微囊藻（0.39）、尖尾蓝隐藻（0.04）、美丽颤藻（0.04）、污泥颤藻（0.04）、针形纤维藻（0.03）
9	小球藻（0.53）、铜绿微囊藻（0.18）、污泥颤藻（0.10）、尖尾蓝隐藻（0.10）
11	小球藻（0.74）、尖尾蓝隐藻（0.07）、针形纤维藻（0.06）、短小舟形藻（0.04）

注：（ ）内为优势度指数。

2007 年蠡湖浮游植物多样性指数变化在 1.5 ~ 2.7，平均为 2.1，1 月份最小，8 月份最大。浮游植物多样性指数的季节性变化规律不明显，整体上以春季和夏末秋初的相对较高，而其他季节的较低。均匀度指数变化在 0.26 ~ 0.59，平均为 0.42，1 月份最小，8 月份最大；其周年变化趋势与多样性指数非常相似（表 2-18）。

浮游植物是水生生态系统生物资源的基础，作为初级生产者，其种群变动和群落结构直接影响水生生态系统的结构和功能。2007 年的浮游植物的时空变化特征与环境因子关系密切，一定程度上反映了实施净水渔业技术前的水体生态环境状况。

表 2-18　蠡湖浮游植物多样性指数和均匀度指数
Table 2-18　Diversity index and uniformity index of phytoplankton in Lihu Lake

名　　称	1月	3月	4月	5月	6月	7月	8月	9月	11月	平均
多样性指数	1.5	2.4	2.5	2.6	1.8	1.7	2.7	2.2	1.6	2.1
均匀度指数	0.26	0.41	0.43	0.47	0.38	0.37	0.59	0.53	0.36	0.42

2007 年蠡湖各个月份的浮游植物优势种都在 2 种以上，优势种种数较多且优势度不高，表明蠡湖浮游植物群落结构比较复杂，不同月份间的浮游植物优势种既有交叉又有演替。小球藻在全年均处于主要优势种地位，优势种演替不明显。其中 7 月、8 月、9 月 3 个月均以小球藻、铜绿微囊藻和污泥颤藻为主要优势种，说明这 3 个月具备适宜小球藻、铜绿微囊藻和污泥颤藻生长的类似环境；这与相似性分析中 7 月、8 月、9 月 3 个月的生境最相似的结论一致。

蠡湖浮游植物多样性指数变化在 1.5 ~ 2.7，平均为 2.1，除 1 月的多样性指数略低于Ⅲ级外，其他月份的多样性指数均在Ⅲ级以上。同时，浮游植物均匀度指数变化在 0.26 ~ 0.59，平均为 0.42，除 1 月的均匀度指数（0.26）略小于 0.3 外，其余各月的均匀度指数均大于 0.3。可见，蠡湖浮游植物群落结构处于较完整的状态。

2.3.2　浮游动物生态学特征

（1）种类组成、密度和生物量

① 种类组成：实施净水渔业之前，在蠡湖检测到桡足类 4 种，枝角类 15 种，轮虫 28 种，原生动物未完整检测（表 2-19）。

表 2-19　2007 年蠡湖浮游动物种类组成
Table 2-19　Species composition of zooplankton in Lihu Lake in 2007

类　别	种数	种　类
		无节幼体
桡足类（Copepoda）	4	英勇剑水蚤（*Cyclops strenuus* Fischer）
		汤匙华哲水蚤（*Sinocalanus dorrii* Brehm.）
		锥肢蒙镖水蚤（*Mongolodiaptomus birulai* Rylov.）
枝角类（Cladocera）	15	长额象鼻溞（*Bosmina longirostris* O. F. Müller）
		僧帽溞（*Daphnia cucullaa* Sars）
		大洋洲壳腺溞（*Latonopsis australis* Sars）
		长肢秀体溞（*Diaphanosoma leuchtenbergianum* Fischer）
		溞状溞（*Daphnia pulex* Leydig emend Scourfield）
		龟状笔纹溞（*Graptoleberis testudinaria* Fischer）

（续表）

类　别	种　数	种　类
枝角类 （Cladocera）	15	圆形盘肠溞（*Chydorus sphaericus* O. F. Müller） 近亲裸腹溞（*Moina affinis* Birge.） 微型裸腹溞（*Moina micrura* Kurz.） 方形网纹溞（*Ceriodaphnia quadrangular* O. F. Müller） 棘爪网纹溞（*Ceriodaphnia reticulata* Jurine） 宽尾网纹溞（*Ceriodaphnia laticaudata* P. E. Müller） 棘体网纹溞（*Ceriodaphnia setosa* Matile） 透明薄皮溞（*Leptodora Kindti* Focke） 方形尖额溞（*Alona quadrongularis* O. F. Müller）
轮虫类 （Rotifera）	28	长三肢轮虫（*Filinia longiseta* Ehrenberg） 臂三肢轮虫（*Filinia brachiata*） 尾三肢轮虫（*Filinia major* Golditz） 角三肢轮虫（*Filinia cornuta*） 长肢多肢轮虫（*Polyarthra dolichoptera*） 前节晶囊轮虫（*Asplachna priodonta* Gosse） 盖氏晶囊轮虫（*Asplachna girodi* de. Guerne） 多突囊足轮虫（*Asplanchnopus multiceps* Schrank） 螺形龟甲轮虫（*Keratella cochlearis* Gosse） 矩形龟甲轮虫（*Keratella quadrata* O. F. Müller） 曲腿龟甲轮虫（*Keratella valga* Ehrenberg） 缘板龟甲轮虫（*Keratella ticinensis*） 角突臂尾轮虫（*Brachionus anguiaris* Gosse） 壶状臂尾轮虫（*Brachionus urceus* Linnaeus） 尾突臂尾轮虫（*Brachionus caudatus*） 萼花臂尾轮虫（*Brachionus caiyciflorus* Pallas.） 镰状臂尾轮虫（*Brachionus falcatus* Zacharias.） 剪形臂尾轮虫（*Brachionus forficula* Wierzejski.） 可变臂尾轮虫（*Brachionus variabilis* Hempel.） 裂足臂尾轮虫（*Brachionus diversicornis* Daday.） 长足疣毛轮虫（*Synchaeta longies*） 跃舞无柄轮虫（*Ascomorpha saltans* Barsch） 奇异六腕轮虫（*Hexarthra mira*）

（续表）

类　别	种 数	种　类
轮虫类 （Rotifera）	28	梭状疣毛轮虫（*Synchaeta stylata* Ehrenberg） 双尖钩状狭甲轮虫（*Colurella uncinata forma bicuspidata* Ehrenberg） 棒状水轮虫（*Epiphanes clavulatus* Ehrenberg） 等刺异尾轮虫（*Trichocerca similis*） 半圆鞍甲轮虫（*Lepadella apsida* Harring）

浮游动物的常见种有桡足类的英勇剑水蚤、汤匙华哲水蚤和无节幼体；枝角类的长额象鼻溞、长肢秀体溞、方形网纹溞、棘爪网纹溞和宽尾网纹溞；轮虫类的尾三肢轮虫、长三肢轮虫、前节晶囊轮虫、矩形龟甲轮虫、曲腿龟甲轮虫和萼花臂尾轮虫。

② 2007 年浮游动物的密度和生物量：浮游动物的密度（不含原生动物）全年平均值为 225.52 个 /L，其中桡足类为 95.35 个 /L，占总量的 14.12%；枝角类为 86.14 个 /L，占总量的 12.73%；轮虫为 494.89 个 /L，占总量的 73.15%。生物量（不含原生动物）全年平均值为 1.5mg/L，其中桡足类为 1.36mg/L，占总量的 30.24%；枝角类为 2.03mg/L，占总量的 44.85%；轮虫为 1.12mg/L，占总量的 24.91%（表 2-20）。

表 2-20　2007 年浮游动物的现存量
Table 2-20　Standing crop of zooplankton in 2007

月　份	密度（ind/L）			生物量（mg/L）		
	桡足类	枝角类	轮虫	桡足类	枝角类	轮虫
1	12.32	0.34	1 461.0	0.098	0.007	3.749
3	70.75	0.05	70.75	0.045	0.423	0.937
4	87.8	237.5	33.3	1.63	6.54	0.46
5	76.1	23.0	8.2	2.65	0.90	0.04
6	119.4	50.2	450.0	2.16	0.96	0.15
7	99.3	239.9	1 593.3	0.88	4.87	4.25
8	86.8	114.7	593.3	2.07	2.33	0.38
9	272.0	50.3	242.0	1.75	1.04	0.13
11	35.3	59.3	2.1	0.97	1.10	0.003
平均	95.53	86.14	494.89	1.36	2.02	1.12
占总量的百分比（%）	14.12	12.73	73.15	30.24	44.85	24.91

③ 浮游动物现存量的周年变化：浮游动物的密度和生物量的周年变化如图 2-20 所示，轮虫的密度有两个高峰，在 1 月和 7 月，分别为 1 461 个 /L 和 1 593.3 个 /L；枝角类的密度也有两个高峰，在 4 月和 7 月，分别为 237.5 个 /L 和 239.9 个 /L；桡足类的密度则为单峰，9 月较多，为 272 个 /L。

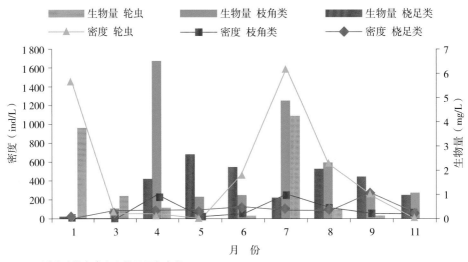

图 2-20　浮游动物密度和生物量周年变化

Fig. 2-20　Density and biomass changes of zooplankton in one year

浮游动物各种类的生物量与其密度相对应，生物量最多的是枝角类，4 月生物量达 6.54mg/L，与 7 月、8 月均为全湖最多；其次是桡足类，生物量最高出现在 5 月，为 2.65mg/L，然而 5 ~ 9 月其生物量基本在 1.6mg/L 以上（除 8 月）；而轮虫则在 1 月和 7 月有较高的生物量，分别为 3.75mg/L 和 4.25mg/L。

（2）多样性和均匀度：浮游动物多样性和均匀度见表 2-21。全年多样性指数在 0.963 ~ 1848，平均 1.602。依据 Shannon-Wiener 多样性指数的等级评价，蠡湖浮游动物除在 1 月处于 Ⅱ 级的一般性状态外，其他月份都处于 Ⅲ 级的较好状态。均匀度指数通常以大于 0.3 作为生物多样性较好的标准。进行综合评价表明，蠡湖的浮游动物分布均匀。

表 2-21　2007 年浮游动物的生物多样性指数和均匀度指数

Table 2-21　Diversity index and uniformity index of zooplankton in 2007

名　　称	1 月	3 月	4 月	5 月	6 月	7 月	8 月	9 月	11 月	平均
多样性指数（H'）	0.963	1.743	1.519	1.696	1.848	1.725	1.613	1.704	1.612	1.602
均匀性指数（J）	0.448	0.674	0.655	0.740	0.736	0.665	0.650	0.627	0.764	0.662

2.4 2007 年的底栖动物生态学特征

2.4.1 种类组成、密度和生物量

2007 年共检测到底栖动物 3 种，其中水生昆虫 2 种、寡毛类 1 种（表 2-22）。这是因为蠡湖的生态清淤工程刚结束而使底栖动物的种类组成简单、贫乏。群落的种类组成主要是水生昆虫的粗腹摇蚊幼虫、羽摇蚊幼虫和寡毛类的中华颤蚓。

表 2-22 2007 年蠡湖底栖动物种类组成
Table 2-22 Species composition of zoobenthos in Lihu Lake in 2007

类 别	种 数	种 类
水生昆虫（Aquatic insecta）	2	粗腹摇蚊幼虫（*Pelopia*） 羽摇蚊幼虫（*Chironomus* gr. plumosus Linn.）
淡水寡毛类（Freshwater oligochaeta）	1	中华颤蚓（*Tubifex sinicus* Chen.）

底栖动物的密度全年平均值为 435.3 个 /m², 其中水生昆虫为 271.3 个 /m², 占总量的 62.3%；寡毛类为 164 个 /m², 占总量的 37.3%。生物量全年平均值为 819.4mg/m², 其中水生昆虫为 711.3mg/m², 占总量的 86.8%；寡毛类为 108.2mg/m², 占总量的 13.2%（表 2-23）。

表 2-23 2007 年底栖动物的现存量
Table 2-23 Standing crop of zoobenthos in 2007

月 份	密度（ind/m²）		生物量（mg/m²）	
	水生昆虫	寡毛类	水生昆虫	寡毛类
1	220.8	108.8	373.2	52.9
3	572.8	43.5	570.3	277.2
4	112.0	579.2	658.3	281.5
5	35.2	84.3	236.5	40.9
6	148.3	43.7	533.8	21.3
7	161.1	99.2	741.3	48.2
8	480.0	205.9	1 244.9	100.1
9	433.1	189.9	1 236.3	92.3
11	278.4	121.6	806.8	59.1
平均	271.3	164.0	711.3	108.2
占总量的百分比（%）	62.3	37.7	86.8	13.2

2.4.2 底栖动物的季节变化和多样性

蠡湖底栖动物的季节变化由图 2-21 可见，水生昆虫密度在 3 月、8 月和 9 月

较高；寡毛类在 4 月出现高峰，8 月和 9 月略高。生物量则与种类及个体大小相关，所以水生昆虫的生物量在 8 月和 9 月达最高；寡毛类因只有中华颤蚓一种，因此生物量高峰出现在 3 月和 4 月。

底栖动物的多样性指数全年平均为 0.915。依据 Shannon-Wiener 多样性指数的等级评价水质（表 2-24），多样性指数 4 ~ 8 月均小于 1，水质为严重污染；秋末和冬季为中等污染。

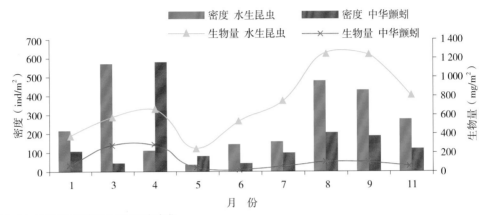

图 2-21 底栖动物密度和生物量周年变化
Fig. 2-21 Density and biomass changes of zoobenthos in one year

表 2-24　2007 年底栖动物的多样性指数
Table 2-24　Diversity index of zoobenthos in 2007

1 月	3 月	4 月	5 月	6 月	7 月	8 月	9 月	11 月	平均
1.041	1.131	0.782	0.751	0.67	0.78	0.835	1.159	1.089	0.915

2.5　2007 年蠡湖水生态小结

2007 年蠡湖水质理化特性表明是一良好的自然水体。湖水中的生物营养元素中，总磷在清淤工程后已降为全湖年平均 0.029mg/L，但 8 月却高达 0.084mg/L；总氮含量很高，年平均为 4.75mg/L，但 3 ~ 5 月均为 5.7mg/L 以上，6 月最高达 6.69mg/L；按地表水环境质量标准分别为Ⅲ类和劣Ⅴ类。选择总磷、总氮、叶绿素 a、透明度和高锰酸盐指数 5 项主要污染指标，计算综合营养状态指数为 67.34，采用"综合营养状态指数法"对水体的营养状态评定为中度富营养。

检测表明，蠡湖藻类以绿藻和蓝藻为主，其中蓝藻门的铜绿微囊藻和多种颤藻为优势种，尤其在 6 ~ 8 月，蓝藻的生物量占总藻类生物量的 50% 以上，给蠡湖生态安全带来隐患。

第3章

净水渔业技术试验的技术路线和方法

2007 ～ 2010 年，运用"净水渔业"理念对蠡湖实施生态修复，采用了内源性生物操纵手段。为证实净水渔业技术的有效性，期间对蠡湖采用同期同步监测生态环境变动的方法，主要为鱼类群落结构、水质、浮游生物和底栖生物等动态变化，并确立参照的评价依据。

3.1　实施净水渔业技术的技术路线

3.1.1　净水渔业技术效果检验的设计与方法

　　蠡湖的净水渔业技术自投放净水的大规格鲢、鳙鱼种后，计划禁捕 2 年，于 2009 年底集中回捕。2010 年再次投放时进行了鱼种标志放流，当年年末集中回捕，以确定鲢、鳙在蠡湖的生长情况并作多项分析。

　　技术路线如下：

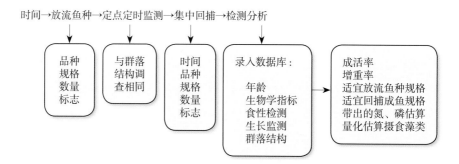

3.1.2　鱼类群落结构调查与研究的内容

　　具体内容如下：

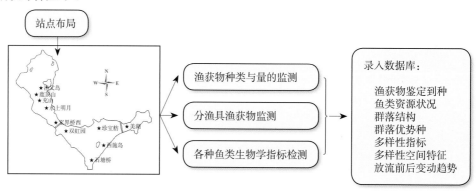

3.1.3　水质和水生生物调查与监测的内容

从 2006 年 9 月至 2010 年对每月水质进行理化状况、水生生物等同步连续监测，建立数据库，以掌握蠡湖的水质、水生生物变动状况。具体内容如下：

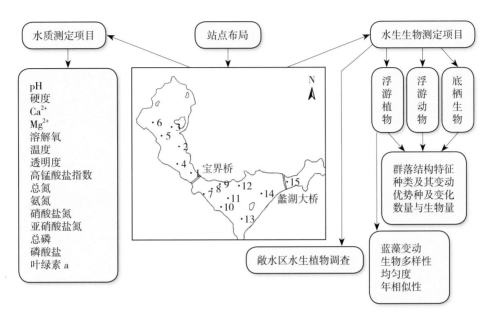

3.2　采样点布设

3.2.1　鱼类群落结构调查站点设置

2006～2009 年，鱼类群落结构调查在蠡湖共设置 10 个采样站点（图 3-1）。按习惯，宝界桥以西称西蠡湖，重点进行了生态治理和修复，设 5 个站点；宝界桥以东称东蠡湖，设 4 个站点；蠡湖大桥以东称美湖，是浅水湿地，设 1 个站点。

图 3-1　蠡湖鱼类资源及群落结构调查站点布设

Fig. 3-1　Survey stations for fish resources and community structure in Lihu Lake

站　点	位　置	站　点	位　置
渔父岛	120° 13′ 53.9″ E，31° 31′ 50.6″ N	双虹园	120° 14′ 47.1″ E，31° 3l′ 0.1″ N
鹿顶山	120° 13′ 43.9″ E，31° 31′ 47.9″ N	珍宝舫	120° 15′ 30.7″ E，31° 31′ 5.8″ N
充山	120° 13′ 56.5″ E，31° 31′ 22.9″ N	珍宝舫	120° 15′ 30.7″ E，31° 31′ 5.8″ N
水上明月	120° 14′ 10.3″ E，31° 31′ 16.1″ N	石塘	120° 15′ 24.2″ E，31° 30′ 14.0″ N
宝界桥西	120° 14′ 16.9″ E，31° 31′ 07.9″ N	美湖	120° 16′ 27.1″ E，31° 31′ 15.8″ N

3.2.2　水质和水生生物监测站点设置

2007 ～ 2010 年，湖水理化性质和水生生物监测在蠡湖共设置 15 个采样站点（图 3–2）。西蠡湖设 6 个站点；东蠡湖设 9 个站点；美湖设 1 个站点。

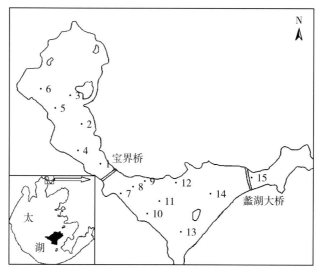

图 3-2　水质和水生生物监测采样站点布设
Fig. 3-2　Monitoring stations for water quality and plankton in Lihu Lake

采样点	位　置	采样点	位　置
1	E: 120° 14′ 25.5″, N: 31° 31′ 09.6″	9	E: 120° 14′ 49.9″, N: 31° 31′ 02.4″
2	E: 120° 14′ 09.7″, N: 31° 31′ 28.2″	10	E: 120° 14′ 54.3″, N: 31° 30′ 39.6″
3	E: 120° 13′ 48.1″, N: 31° 31′ 54.4″	11	E: 120° 15′ 01.0″, N: 31° 30′ 44.5″
4	E: 120° 14′ 09.2″, N: 31° 31′ 10.0″	12	E: 120° 15′ 07.3″, N: 31° 30′ 57.6″
5	E: 120° 13′ 46.5″, N: 31° 31′ 38.1″	13	E: 120° 15′ 13.8″, N: 31° 30′ 20.8″
6	E: 120° 13′ 38.7″, N: 31° 31′ 52.7″	14	E: 120° 15′ 37.3″, N: 31° 30′ 43.7″
7	E: 120° 14′ 38.4″, N: 31° 30′ 50.1″	15	E: 120° 16′ 13.6″, N: 31° 31′ 04.9″
8	E: 120° 14′ 43.3″, N: 31° 30′ 55.3″		

2009 年 6 月至 2010 年 5 月对着生藻类进行调研时，西蠡湖设在 1 号至 6 号采样点、东蠡湖设在 7 号和 10 号采样点，这 8 个点设置了人工基质以采样。

3.3　鱼类群落结构的调查和评价

3.3.1　鱼类群落结构调查的方法

10 个采样点同时设置截面为 50mm × 50mm，长度为 5m 的地笼网和网目尺寸为 50mm、网衣高 1.5m、长 16m 的刺网若干片。监测时间为每月 1 次（一般为中旬某日下午放网至次日上午收渔获），将所有渔获物进行分类鉴定，一般鉴定到种，同时测定渔获物的可量可数性状，如体长、体重等，统计渔获尾数和重量，并将相应数据录入设计的数据库内。

3.3.2　分析鱼类群落结构和鱼类生物多样性动态变化规律的方法

（1）运用 Jaccard 相似性系数分析不同监测站点的鱼类群落结构。

$$q = c/(a + b - c)$$

式中，a 为 A 群落的物种数；b 为 B 群落的物种数；c 为两群落共有物种数。

当 q 为 0 ~ 0.25 时，为极不相似；q 为 0.25 ~ 0.5 时，为中等不相似；q 为 0.5 ~ 0.75 时，为中等相似；q 为 0.75 ~ 1.0 时，为极相似。

（2）采用 Shannon–Wiener 多样性指数和 Pielou 均匀度指数作为评价蠡湖鱼类群落的多样性和丰富度的参考指数。

$$H' = -\sum_{i=1}^{s}(P_i)(\log_2 P_i)$$

$$H'' = -\sum_{i=1}^{s}(W_i)(\ln W_i)$$

$$J = \frac{H'}{\log_2 s}$$

式中，H' 为 Shannon–Wiener 多样性指数，H'' 为 Wilhm 改进指数，J 为 Pielou 均匀度指数。i 为第 i 种样品，s 为采样点鱼类所出现的种数，P_i 为采样点中第 i 种样品的个体数在全部样品中所占的比例，W_i 为采样点中第 i 种样品的生物重量在全部样品中所占的比例。

Shannon–Wiener 多样性指数的等级评价见表 3–1。

（3）采用相对重要性指数（IRI）评价蠡湖鱼类群落的生态优势度。

$$\text{IRI} = (P_i + W_i)F$$

式中，P_i 为采样点中第 i 种样品的个体数在全部样品中所占的比例，W_i 为采样点中

表 3-1 生物多样性阈值的分级评价标准

Table 3-1 Evaluation standard for the biodiversity threshold

等 级	阈 值	等级描述
I	< 0.6	多样性差
II	0.6 ~ 1.5	多样性一般
III	1.6 ~ 2.5	多样性较好
IV	2.6 ~ 3.5	多样性丰富
V	> 3.5	多样性非常丰富

第 i 种样品的生物重量在全部样品中所占的比例，F 为各种类在各监测点所有抽样次数中出现的频率。

3.3.3 蠡湖增殖放流适宜地等级评定方法

运用地理信息系统软件——ArcGIS 来分析蠡湖鱼类的生物多样性。通过软件内置的插值模块，将 10 个采样点的数据扩展到整个蠡湖，再将栅格图像进行加权平均，最后通过分级处理，将蠡湖鱼类生物多样性的指标数据直观地体现在电子地图上。文内涉及的数据统计分析由软件 SPSS 11 完成。

同时，利用鱼骨图法理顺各评价因子之间的从属关系，运用层次分析（AHP）法计算并确定评价因子的权重，并结合运用地理信息系统（GIS）的栅格模块和分级模块，作出蠡湖增殖放流适宜地的等级评定。

3.4 水质监测项目及评价方法

3.4.1 监测项目与方法

每月、每站检测水质 15 个指标值，测定指标主要包括：总磷（TP），硝酸-硫酸消解法；总氮（TN），过硫酸钾氧化—紫外分光光度法；高锰酸盐指数（COD_{Mn}），酸性法；叶绿素 a（Chl.a），分光光度法。其他各项指标的测试方法均按《水和废水监测分析方法》进行。现场测定的水温（T），温度计；pH，pH 计；透明度（SD），透明度盘；溶解氧（DO），便携式溶氧仪。

3.4.2 水质评价方法

（1）根据《地表水环境质量标准》（GB 3838—2002）对各单项因子进行评价。

（2）依据湖泊富营养化程度等级划分标准：以总磷、总氮、叶绿素 a、透明度和高锰酸盐指数 5 项主要污染指标作单因子评价，标准见表 3-2。

表 3-2　湖泊富营养化程度分级评价标准
Table 3-2　Evaluation standard for lake eutrophication

富营养化程度分级	ρ（Chl.a） （mg/m³）	ρ（TP） （mg/L）	ρ（TN） （mg/L）	ρ（COD_{Mn}） （mg/L）	ρ（SD） （m）
Ⅰ：极贫营养型	≤ 0.5	≤ 0.001	≤ 0.02	≤ 0.15	≥ 10.0
Ⅱ：贫营养型	≤ 1.0	≤ 0.004	≤ 0.05	≤ 0.40	≥ 5.0
Ⅲ：贫-中营养型	≤ 11.0	≤ 0.010	≤ 0.10	≤ 1.00	≥ 3.0
Ⅳ：中营养型	≤ 26.0	≤ 0.050	≤ 0.50	≤ 4.00	≥ 1.0
Ⅴ：中-富营养型	≤ 42.0	≤ 0.200	≤ 1.00	≤ 8.00	≥ 0.5
Ⅵ：富营养型	≤ 160.0	≤ 0.800	≤ 6.00	≤ 25.00	≥ 0.3
Ⅶ：严重富营养型	≤ 400.0	≤ 1.000	≤ 9.00	≤ 40.00	≥ 0.2
严重富营养型	> 400.0	> 1.000	> 9.00	> 40.00	≤ 0.2

（3）采用"综合营养状态指数法"评价：选择总磷、总氮、叶绿素 a、透明度和高锰酸盐指数 5 项主要污染指标，采用"综合营养状态指数法"对水体的营养状态按贫、中、富进行归类，详见表 3-3。

表 3-3　水质类别与评分值对应
Table 3-3　Score value of water quality category

营养状态分级	评分值 TLI（$\sum$）	定性评价
贫营养	$0 < \text{TLI}（\sum） \leq 30$	优
中营养	$30 < \text{TLI}（\sum） \leq 50$	良好
（轻度）富营养	$50 < \text{TLI}（\sum） \leq 60$	轻度污染
（中度）富营养	$60 < \text{TLI}（\sum） \leq 70$	中度污染
（重度）富营养	$70 < \text{TLI}（\sum） \leq 100$	重度污染

综合营养状态指数 [TLI（$\sum$）] 的计算方法如下：

$$\text{TLI}（\text{Chl.a}）= 10（2.5 + 1.086\ln\text{Chl.a}）$$

$$\text{TLI}（\text{TP}）= 10（9.436 + 1.624\ln\text{TP}）$$

$$\text{TLI}（\text{TN}）= 10（5.453 + 1.694\ln\text{TN}）$$

$$\text{TLI}（\text{SD}）= 10（5.118 - 1.94\ln\text{SD}）$$

$$\text{TLI}（\text{COD}_{\text{Mn}}）= 10（0.109 + 2.661\ln\text{COD}_{\text{Mn}}）$$

$$W_j = \frac{r_{ij}^{\,2}}{\sum\limits_{j=1}^{m} r_{ij}^{\,2}}$$

$$TLI\ (\Sigma) = \sum_{j=1}^{m} [\ W_j \times TLI\ (j)]$$

式中，TLI（j）为第 j 种参数的营养状态指数，Chl.a 单位为 mg/m³，SD 单位为 m，其他指标的单位均为 mg/L；W_j 为第 j 种参数的营养状态指数的相关权重；r_{ij} 为第 j 种参数与基准参数 Chl.a 的相关系数，Chl.a 与其他参数之间的相关关系 r_{ij} 及 r_{ij}^2 见《中国湖泊环境》一书；m 为评价参数的个数；TLI（Σ）为综合营养状态指数。

3.5　水生生物监测与评价方法

3.5.1　监测内容与检测方法

监测内容包括种类组成和优势种、密度和生物量、多样性和均匀度、群落相似性等。采样检测方法因监测对象而异。

（1）浮游植物检测方法：浮游植物密度与生物量采用 1 000ml 水样沉淀，浓缩至 50ml，取 0.1ml 在显微镜下计数，最后换算成每升水样中藻类的细胞个数。由于浮游植物的相对密度接近 1，故可以直接由浮游植物的体积换算为生物量（湿重）。

（2）着生藻类检测方法：对着生藻类的检测方法是刮取插于定点、经 20 ~ 25d 人工基质（竹片制）上的着生藻类，现场加入鲁哥试剂固定，室内静置沉淀 24h 后浓缩并定容至 50ml 供镜鉴。在光学显微镜（×10³）下，用视野法对硅藻的永久制片进行计数（每片计数不少于 500 个）和着生藻类种类鉴定，按种计数，计算出每个采样点的藻密度（ind/cm²）。

（3）浮游动物检测方法：定性样品用 13 号浮游生物网在水下 15cm 作 "∞" 字形拖 10min，用 1.5% 碘液固定，4% 福尔马林保存。

定量样品用采水器在采水点上、中、下水层采集混合样，取 1L 水样经 24h 沉淀浓缩至 30ml 用于小型浮游动物（原生动物、轮虫）的定量；取 10L 水样用 25 号生物网进行过滤，作为大型浮游动物（枝角类、桡足类）的定量。水样取样后，加入 1.5% 碘液固定，然后用 4% 的福尔马林保存，在实验室进行鉴定和统计。

计数时及生物量测算时，取 0.1ml 计数原生动物，取 1.0ml 计数轮虫，根据体积法，并假定比重为 1，计算生物量；枝角类、桡足类全部计数，每种浮游动物测量 20 个个体长度，作为平均体长值。根据体长—体重回归方程，求得体重。无节幼体按一个 0.003mg（湿重）计算。

（4）底栖生物检测方法：用彼得逊采泥器（采样面积为 1/16m²），样品底泥经 40 目（每孔为 0.793mm）分样筛筛去污泥浊水后，将底栖生物捡出，用 10% 的福尔马林固定，然后进行种类鉴定，分类计数并称重。

3.5.2　生态学特征的分析与评价依据

对生态学特征分析评价的各项指数计算公式如下。

种类相似性指数（X.Jaccard）：

$$X = \frac{c}{a+b-c}$$

均匀度指数（J.Pielou）：

$$J = \frac{D}{\log_2 S}$$

优势度指数（Y.Mcnaughton index）：

$$Y = \frac{n_i}{N} \times f_i$$

香农—维纳多样性指数（Shannon–Wiener index）：

$$D = -\sum_{i=1}^{s} P_i \log_2 P_i \quad (P_i = \frac{n_i}{N})$$

式中，n 为站点中 i 种的个数；N 为站点中浮游植物总个数；f 为 i 种在各站点中出现的频率；S 为站点中浮游植物总种数；a 为站点 A 中出现的浮游植物种类数；b 为站点 B 中出现的浮游植物种类数；c 为站点 A 和站点 B 中都出现的浮游植物种类数。

（1）相似性指数：相似性指数反映了生态环境的相似程度。种群的相似性仅与种群的物种组成相关，与物种多样性大小没有关系。相似性指数（X）的变动范围是 0～1。相似性指数为 0，表示两种群的种类完全不相同；相似性指数为 1，则表示两种群的种类完全相同。相似性等级一般划分为 6 级，见表 3-4。无论是在相似性等级之间还是在同一相似性等级内，相似性指数（X）值越大，则种群就越相似。

表 3-4　相似性阈值的分级评价标准
Table 3-4　Evaluation standard for the similarity threshold

相似性指数分级	评分值 TLI（∑）	定性评价
Ⅰ 级	0	完全不相似
Ⅱ 级	0.01～0.25	极不相似
Ⅲ 级	0.26～0.50	轻度相似
Ⅳ 级	0.51～0.75	中度相似
Ⅴ 级	0.76～0.99	极相似
Ⅵ 级	1	完全相似

（2）均匀度指数：均匀度指数是多样性指数与理论上最大多样性指数的比值，是一个相对值，其数值范围在 0 ~ 1。均匀度指数能够反映出各物种个体数目分配的均匀程度。通常以均匀度大于 0.3 作为浮游植物多样性较好的标准进行综合评价。

（3）优势度指数：优势种种类数及其数量对群落结构的稳定性有重要影响，优势种种类数越多且优势度越小，则群落结构越复杂、稳定。

（4）多样性指数：用 Shannon-Wiener 多样性指数评价水质污染程度，种类越多，多样性指数 H′ 值越大，水质越好；反之，种类越少，指数 H′ 值越小，水质越差。若所有个体同属一种，多样性指数 H′ 值最小，水体污染严重，水质恶化。

表 3-5　生物多样性指数与水质

Table 3-5　Biological diversity index and water quality

H′ 的阈值	评　　价
H′ > 3.0	清洁水质
3.0 > H′ > 2.0	轻度污染水质
2.0 > H′ > 1.0	中等污染水质
H′ < 1.0	严重污染水质

第 4 章

净水渔业技术试验及其效果

按净水渔业理念，净水渔业的关键技术是放流滤食性鲢、鳙的大规格鱼种（2龄鱼种）、回捕高规格成鱼（4龄以上），要求禁捕时间长（确保鲢鳙鱼生长安全）和水域中有一定的鲢、鳙群体，使之能有效控制水中浮游生物、抑制蓝藻，让水中的氮、磷通过水生生物营养级的转化固定到鱼体，最后以渔获物的形式带走水中的氮、磷。

4.1 实际放流情况

4.1.1 放2龄鱼种、禁捕2年后起捕试验

主试验是放流2龄鲢、鳙鱼种，禁捕2年后起捕已有4龄的鲢、鳙，观察和测定其降氮、磷情况。

2007年6月下旬虽放流3～4cm鲢夏花150万尾（图4-1），但重点以2007年12月下旬放流的规格为200～700g/尾的鲢、鳙鱼种共85t为主。计划禁捕2年后于2009年集中回捕，但在2009年1月又补充投放了规格为100～250g/尾的鱼种10t（图4-2）。

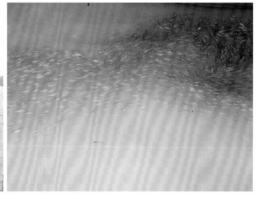

图4-1 蠡湖投放鲢夏花（右图为放入湖中的鲢夏花）
Fig. 4-1 Release of silver carp fry in Lihu Lake

图 4-2 投放鲢、鳙 2 龄鱼种

Fig. 4-2 Release 2 years old silver carp and bighead carp in Lihu Lake

4.1.2 放 2 龄鱼种、当年起捕的试验

在 2009 年 12 月第一阶段试验（起捕）结束后，进行了放流一年、回捕 3 龄鱼的试验。

2010 年 1 月投放规格为 170 ~ 500g/ 尾的鲢 2 龄鱼种 5.096t、鳙 2 龄鱼种 7.544 5t。采用标志放流来了解在蠡湖放流的鲢、鳙的生长情况（图 4-3）。

为了便于在大捕捞时可以快速识别被标志的鲢、鳙，标志放流采用体外标志方法，使用的标志称 "T" 形标或锚标（图 4-4），优势在于易识别。标志的编码是特别定制的，即以 FFRC+ "A" 或 "B" + 六位数字组成。"A" 是为小规格鱼准备的，"B" 是为大规格鱼准备的。本次共标记 2 529 尾，其中鳙 1 240 尾，体重 301g ± 103g；鲢 1 289 尾，体重 232g ± 185g。

2010 年 7 月又放流 5cm 的鲢、鳙夏花各 200 万尾。

图 4-3 对放流的鲢、鳙鱼种进行标记（右图为标志后的鱼种在水中）

Fig. 4-3 Marking silver carp and bighead carp

图 4-4　鲢、鳙鱼种的体外标志
Fig. 4-4   The in vitro markers of silver carp and bighead carp fingerling

2007 年 6 月至 2010 年 7 月为净水放流的鲢、鳙规格和数量见表 4-1。

表 4-1　2007 ~ 2010 年蠡湖放流的鲢、鳙规格和数量
Table 4-1   The specifications and quantities of silver carp and bighead carp (2007–2010)

年　份	月　份	规　格	数　量
2007	6	3 ~ 4cm	150 万尾
2007	12	200 ~ 700g/ 尾	85t
2009	1	100 ~ 250g/ 尾	10t
2010	1、3	170 ~ 500g/ 尾	鲢 50.96t，鳙 75.445t
2010	7	5cm	鲢、鳙各 200 万尾

4.2　跟踪监测鱼类种群组成变动

4.2.1　放流后的鱼类优势种的变化

（1）2008 ~ 2009 年鱼类种群组成：以 2007 年 5 月至 2008 年 4 月对蠡湖的 10 个监测站点采集到的 38 种鱼类为例，隶属于 6 目、10 科。其中，以鲤科鱼类为主，共有 28 种，占 73.7%。此外，鰕虎鱼科有 3 种，其余 8 科均为 1 种（表 4-2）。小型肉食型鱼类在各个监测点都属于优势品种，主要包括青梢红鲌和湖鲚。

该阶段的群落生态优势度以相对重要性指数（IRI）来表达。鱼类群落出现 IRI 指数大于 1 000 的优势种共 4 个，分别为青梢红鲌、湖鲚、鲢和鲫，其中青梢红鲌和湖鲚的 IRI 指数大于 2 000。一般认为 IRI 指数大于 1 000 为优势种，大于 2 000 为显著优势种（表 4-3）。

表 4-2 蠡湖渔获物分类

Table 4-2 The general classification of fishery catch in Lihu Lake

目 名	科 数	属 数	种 数
鲈形目	3	5	5
鲤形目	2	22	28
鲇形目	2	2	2
鳉形目	1	1	1
鲑目	1	1	1
鲱形目	1	1	1

表 4-3 蠡湖鱼类群落主要种类 IRI 特征值

Table 4-3 Important relative index (IR I) of major species of fishes community in Lihu Lake

品 种	数量百分比（%）	重量百分比（%）	频度（%）	相对重要性指数（IRI）
青梢红鲌	28.8	3.9	100.0	3 270.00
湖鲚	22.7	2.3	91.6	2 290.00
鲢	2.2	16.9	83.3	1 591.03
鲫	3.4	13.4	83.3	1 399.44

根据渔获的统计结果（表 4-4）表明，青梢红鲌、湖鲚、鲢和鲫在物种数量上维持很高的水平。

表 4-4 渔获物统计

Table 4-4 Fishery catch statistics

品 种	样本数	体长范围(mm)	体重范围（g）	体长和体重呈幂函数相关的拟合方程
青梢红鲌	984	127 ± 32.1	28.3 ± 5.5	$W = 0.001\,6L^{2.920\,5}$ ($R^2 = 0.925\,2$, $P = 0.018 < 0.05$)
湖鲚	691	179 ± 45.1	23.3 ± 14.4	$W = 0.001\,1L^{2.770\,4}$ ($R^2 = 0.946\,2$, $P = 0.014 < 0.05$)
鲢	511	341.7 ± 65.8	879.1 ± 234.8	$W = 0.002\,1L^{2.978\,3}$ ($R^2 = 0.877\,9$, $P = 0.022 < 0.05$)
鲫	369	183.1 ± 22.9	187.9 ± 23.9	$W = 0.000\,4L^{2.476\,1}$ ($R^2 = 0.811\,1$, $P = 0.027 < 0.05$)

用相同的渔具和调查方法对蠡湖鱼类种类组成持续监测表明，以 2007 年月检测 9 次，采集到 32 种鱼，计 2 726 尾；2008 年月检测 11 次，采集到 26 种鱼，计 1 525 尾；2009 年双月检测 6 次，采集到 32 种鱼，计 689 尾。2010 年又增 2 种之前未曾捕到过的鱼类，共采集到 43 种鱼类。表明蠡湖鱼类种群结构未受放流鲢、鳙影响。

对采集到的鱼种类按优势组成排序，见表 4-5。

因 2007 年 12 月下旬放流了鲢、鳙，所以 2008 ～ 2009 年鲢、鳙组成比例显著上升，但鲫、湖鲚、青梢红鲌仍为优势种群，其他鱼类以小型鱼类为主。在 2008 年的其他鱼类中，高体鳑鲏（Rhodeus ocellatus）占 4%，似鲚（Toxabramis swinhonis）和黄颡鱼（Pelteobagrus fulvidraco）各占 2.95%。在 2009 年采集到一似鲚群体有 263 尾，占 9.65%。除此之外，小型鱼类均较分散零星。由采集到的各种鱼类所占比例可见，放流后鲢、鳙成为蠡湖的优势种群。

表 4-5　2008 ～ 2009 年采集到的各种鱼类所占比例
Table 4-5　The proportion of fishes collected in Lihu Lake (2008-2009)

年份	采集尾数	鳙		鲢		鲫		湖鲚	
		尾数	占总量的百分比（%）	尾数	占总量的百分比（%）	尾数	占总量的百分比（%）	尾数	占总量的百分比（%）
2007	2 726	17	0.62	204	7.48	442	16.21	742	27.22
2008	1 525	100	6.56	379	24.85	98	6.43	187	12.26
2009	6 89	45	6.53	68	9.87	100	14.51	149	21.65

年份	采集尾数	青梢红鲌		翘嘴红鲌		其　他	
		尾数	占总量的百分比（%）	尾数	占总量的百分比（%）	尾数	占总量的百分比（%）
2007	2 726	514	18.86	240	8.80	25	17.7
2008	1 525	461	30.22	30	1.96	20	21.8
2009	689	54	7.84	18	2.61	26	37.0

（2）优势种的变化：用群落生态优势度的相对重要性指数（IRI）来表达蠡湖放流前后的鱼类优势种的变化（表 4-6）。2007 年为 6 月放流前，鲢、湖鲚、鲫和青梢红鲌均为显著优势种；放流鲢、鳙鱼种后的 2008 年，鳙成为优势种，其中鲢、鳙、湖鲚、青梢红鲌是显著优势种，鲫则不是优势种了；2009 年鲢、鳙、鲫是显著优势种，湖鲚为优势种，而青梢红鲌则不是优势种了。由以上结果表明，由于鲢、鳙和青梢红鲌虽食性不同，但空间生态位重叠，大量的鲢、鳙群体抑制了青梢红鲌群体。

4.2.2　鱼类群落多样性变动

（1）群落多样性的特点：以 2007 年 7 ～ 12 月各监测站点采集到的样品统计分析（表 4-7）表明，Shannon-Wiener 多样性指数 H′ 为 1.103 ～ 2.184，Pielou 均匀度指数 J 为 0.666 ～ 0.929。其中，7 月、8 月与其他月份之间的多样性指数差异显著（$P < 0.05$），而 7 月、8 月之间和其他月份之间的多样性指数差异不明显（$P > 0.05$）；

表 4-6 鱼类群落主要种类 IRI
Table 4-6 Inportant relative index（IRI）of major species of fishes community

品 种	2008 年				2009 年				2007 年			
	数量百分比（%）	重量百分比（%）	频度（%）	IRI	数量百分比（%）	重量百分比（%）	频度（%）	IRI	数量百分比（%）	重量百分比（%）	频度（%）	IRI
鳙	5.99	20.61	90	2 394	6.55	37.93	83.3	3 705				
鲢	23.21	91.56	100	11 477	9.90	48.54	100.0	4 868	10.12	59.00	100	6 912
湖鲚	12.46	1.42	90	1 249	21.69	0.75	83.3	1 869	36.82	6.08	100	4 290
鲫	6.67	4.48	80	892	14.56	7.81	66.6	18 631	21.94	28.10	90	5 004
青梢红鲌	31.25	3.63	100	3 488	7.86	0.64	83.3	708	25.51	5.11	90	3 062

注：2007 年指 6 月放流之前。

表 4-7 蠡湖各监测站点生物多样性指数和均匀度指数
Table 4-7 The biodiversity index and uniformity index in each monitoring station of Lihu Lake

站 点	7 月		8 月		9 月		10 月		11 月		12 月	
	H′	J	H′	J	H′	J	H′	J	H′	J	H′	J
渔夫岛	1.397	0.672	1.639	0.683	1.496	0.835	1.802	0.820	1.226	0.762	1.275	0.712
鹿顶山	1.725	0.886	2.078	0.787	1.780	0.810	1.720	0.827	1.837	0.883	1.373	0.766
充山	1.770	0.910	2.122	0.854	1.196	0.667	1.635	0.840	1.333	0.744	1.524	0.783
水上明月	1.915	0.871	2.170	0.905	1.574	0.878	1.428	0.797	1.449	0.745	1.194	0.666
宝界桥西	1.723	0.885	1.875	0.772	1.691	0.869	1.332	0.828	1.658	0.925	1.639	0.915
双虹园	1.845	0.887	2.142	0.893	1.489	0.716	1.465	0.818	1.518	0.847	1.457	0.813
珍宝坊	1.664	0.929	1.103	0.796	1.490	0.831	1.633	0.911	1.652	0.922	1.895	0.911
西施岛	1.667	0.802	2.184	0.911	1.373	0.766	1.201	0.746	1.477	0.824	1.455	0.700
石塘桥	1.545	0.794	1.983	0.700	1.424	0.795	1.569	0.876	1.236	0.768	1.571	0.715
美湖	1.977	0.771	1.592	0.766	1.312	0.815	1.750	0.760	1.505	0.935	1.324	0.680

各监测站点之间的多样性指数差异不显著（$P > 0.05$）。

各监测点所采集的水生动物种类数介于 1 ~ 22 种，相对比较稳定，但数量和空间分布还是很不均匀。将 7 ~ 12 月各点的采样数据汇总后重新计算，得到的 Shannon-Wiener 多样性指数位于 2.852 ~ 3.466，Pielou 均匀度指数位于 0.729 ~ 0.92，更能全面地反映蠡湖水生动物多样性的结构，既综合考虑了某个时间段的群落结构，又兼顾到空间上的分布连续性，见图 4-5。从图可看出，珍宝舫和宝界桥的多样性指数都处于比较高的水平,而石塘桥的多样性指数处于一个相对低下的水平。一般Shannon-Wiener 多样性指数介于 2 ～ 3,可认定该水域物种多样性和丰富度相对比较稳定,即蠡湖群落多样性和丰富度属于正常水平。

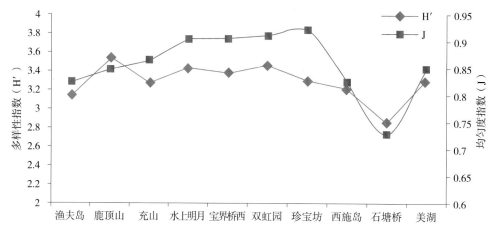

图 4-5   2007 年 7 ～ 12 月各站点的生物多样性和均匀度指数的变化

Fig. 4-5   Variation of biodiversity index and uniformity index in each monitoring station from July to December in 2007

（2）多样性变化和空间分析:2007 年 5 月至 2008 年 4 月各监测点生物多样性指数（表 4-8）通过方差分析,表明站点之间差异性:渔父岛和鹿丁山以及渔父岛和水上明月间 H′ 和 H″ 差异显著（$P < 0.05$）,其余站点间 H′ 差异均不显著（$P > 0.05$）;10 个站点间 J 差异均不显著（$P > 0.05$）;对 Shannon-Wiener 多样性指数和 Wilhm

表 4-8   2007 年 5 月至 2008 年 4 月各监测点生物多样性指数和均匀度指数

Table 4-8   The biodiversity index and uniformity index in each monitoring station from May 2007 to April 2008

监 测 站 点	物 种 数	H′	H″	J
渔父岛	21	1.378 ± 0.374	0.840 ± 0.357	0.790 ± 0.106
鹿顶山	26	1.646 ± 0.265	0.960 ± 0.400	0.816 ± 0.064
充山	20	1.522 ± 0.262	1.080 ± 0.514	0.812 ± 0.092
水上明月	24	1.616 ± 0.348	0.910 ± 0.472	0.817 ± 0.069
宝界桥	24	1.596 ± 0.268	1.060 ± 0.368	0.837 ± 0.083
双虹园	23	1.581 ± 0.287	0.990 ± 0.381	0.822 ± 0.110
珍宝舫	15	1.446 ± 0.254	0.860 ± 0.349	0.845 ± 0.117
西施岛	23	1.522 ± 0.287	0.920 ± 0.312	0.809 ± 0.066
石塘桥	27	1.456 ± 0.264	0.910 ± 0.545	0.773 ± 0.116
美湖	21	1.359 ± 0.507	0.840 ± 0.443	0.798 ± 0.073

改进指数进行 t 检验，差异显著（ $P < 0.05$ ）。以上结果表明，蠡湖的鱼类个体大小是不均匀的，究其原因是蠡湖鱼类群落中小型鱼类占优势地位。汇总 2007 年 5 月至 2008 年 4 月整个蠡湖的监测数据计算而得的 Shannon–Wiener 多样性指数（2.689）和 Pielou 均匀度指数（0.886），均反映蠡湖生物多样性稳定，且比较好。

对该阶段生物多样性的空间分析，运用了 ArcGIS 内置的插值 Inverse Distance Weighted（逆距离加权）模块来分析蠡湖鱼类的生物多样性，以 H′ 值分级图（图 4-6）、H″ 值分级图（图 4-7）和 J 值分级图（图 4-8），可以直接看出西蠡湖的 Shannon–Wiener 多样性指数和 Pielou 均匀度指数明显高于东蠡湖（以宝界桥为界）。

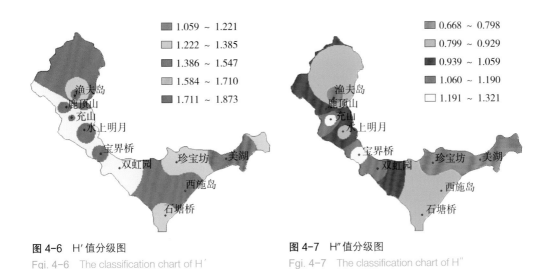

图 4-6　H′ 值分级图
Fgi. 4-6　The classification chart of H′

图 4-7　H″ 值分级图
Fgi. 4-7　The classification chart of H″

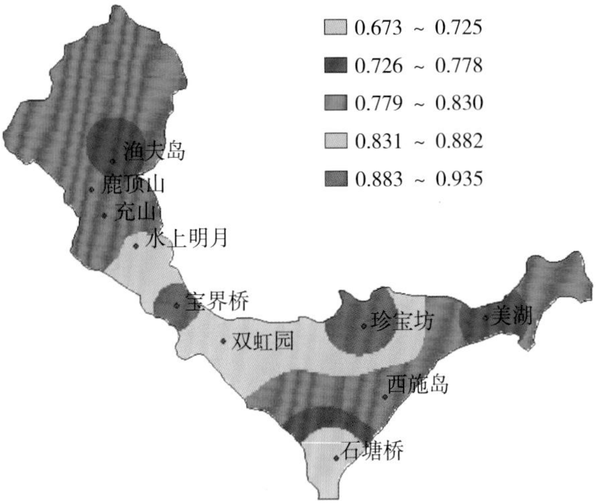

图 4-8　J 值分级图
Fgi. 4-8　The classification chart of J

（3）持续监测分析：以 2008 年 5 月至 2009 年 4 月对 10 个监测站点采集到的鱼类分析群落结构和生物多样性动态变化。

① 鱼类组成：共采集到鱼类 40 种，隶属于 6 目、10 科，渔获尾数总计 3 681 尾，渔获重量 700.95kg。其中鲤科鱼类比上年增加了 2 种，共有 30 种，占 75%，其他未变。小型肉食型鱼类仍为优势种，主要仍为青梢红鲌、湖鲚、鲢和鲫。在物种数量上维持很高的水平。

② 各监测站点鱼类群落的相似性：不同监测站点之间的鱼类相似性程度是由共同物种的多少所决定的，10 个监测站点所获鱼类种数介于 15 ~ 27，根据 Jaccard 相似性系数计算（表 4-9），相似性系数介于 0.5 ~ 0.769 2，参照其等级评价标准，各监测站点间渔获的鱼类群落结构是中等相似的，即蠡湖的鱼类的空间分布比较均匀。

表 4-9　各监测点的相似性系数指数
Table 4-9　Similarity index of each monitoring station

监测站	宝界桥	充山	鹿丁山	美湖	石塘桥	双虹园	水上明月	西施岛	渔父岛	珍宝舫
宝界桥	1	0.692 3	0.666 6	0.551 7	0.545 4	0.678 5	0.600 0	0.620 6	0.730 7	0.560 0
充山		1	0.642 8	0.640 0	0.620 6	0.720 0	0.692 3	0.720 0	0.640 0	0.590 9
鹿丁山			1	0.566 6	0.656 2	0.689 6	0.666 6	0.531 2	0.678 5	0.576 9
美湖				1	0.600 0	0.629 6	0.607 1	0.692 3	0.750 0	0.565 2
石塘桥					1	0.666 6	0.645 1	0.562 5	0.655 1	0.500
双虹园						1	0.620 6	0.769 2	0.760 0	0.652 1
水上明月							1	0.620 6	0.730 7	0.560 0
西施岛								1	0.692 3	0.583 3
渔父岛									1	0.636 3
珍宝舫										1

③ 群落多样性的季节变化：该阶段的生物多样性指数和均匀度指数公式计算（表 4-10）表明，多样性指数介于 1.759 ~ 3.011，参考指数阈值的等级评价标准，蠡湖的鱼类群落生物多样性处于较好和丰富状态。根据多样性指数和均匀度指数的散点分布图拟合两者之间的对数关系方程，即 $H' = 2.8653 + 1.9547\ln J$（$R^2 = 0.8814$，$P = 0.037 < 0.05$）。运用 SPSS 软件进行方差分析，渔父岛和鹿丁山以及渔父岛和水上明月间 H' 差异显著（$P < 0.05$），其余站点间 H' 差异均不显著（$P > 0.05$）；10 个站点间 J 差异均不显著（$P > 0.05$）；夏秋季节间以及春秋季节间 H' 差异显著（$P < 0.05$）；四个季节间 J 差异均不显著（$P > 0.05$）。

表 4-10　各监测点生物多样性指数和均匀度指数

Table 4-10　The biodiversity index and uniformity index of each monitoring station

监测站点	夏（5~7月）		秋（8~10月）		冬（11~1月）		春（2~4月）	
	H	J	H	J	H	J	H	J
渔父岛	2.649	0.833	2.493	0.774	2.542	0.848	2.099	0.911
鹿顶山	2.393	0.786	2.817	0.828	2.679	0.867	2.779	0.899
充山	2.520	0.815	2.701	0.839	2.578	0.860	2.493	0.899
水上明月	2.835	0.851	3.011	0.924	2.423	0.823	2.642	0.897
宝界桥西	2.669	0.851	2.822	0.877	2.602	0.918	2.562	0.855
双虹园	2.599	0.818	2.955	0.896	2.563	0.887	2.486	0.897
珍宝舫	1.793	0.721	2.479	0.894	2.814	0.939	2.462	0.909
西施岛	2.362	0.817	2.735	0.850	2.466	0.837	2.672	0.907
石塘桥	2.224	0.867	2.405	0.707	2.502	0.835	1.759	0.609
美湖	2.228	0.803	2.710	0.832	2.493	0.806	2.418	0.916

由监测数据计算，放流鲢、鳙后，2009 年的多样性指数为 2.405、均匀度指数为 0.722，表明蠡湖生物多样性较好。

4.3　放流鲢、鳙的监测

4.3.1　生长特性

依据渔获物统计和抽样生物学测定，2007 年 6 月放流鲢夏花鱼种后，在 7 ~ 12 月的常规监测中检测到其生长情况；2007 年 12 月放流 2 龄鲢、鳙鱼种后，继续以常规监测方法获知其生长情况，汇总于表 4-11。

表 4-11　2007 ~ 2009 年鲢、鳙鱼的生长特性

Table 4-11　Growth feature of silver carp and bighead carp (2007-2009)

时间	品种	样本数	体长范围（mm）	体重范围（g）	体长和体重呈幂函数相关的拟合方程
2007 年 7 ~ 12 月	鲢	197	337.8 ± 49.3	767.9 ± 362.5	$W = 0.034 L^{2.825}$（$R^2 = 0.707$）
2008 年 1 ~ 11 月	鲢	341	350.2 ± 75.4	977.6 ± 1275.4	$W = 0.017 L^{3.028}$（$R^2 = 0.952$）
	鳙	89	320.1 ± 85.3	852.7 ± 695.2	$W = 0.035 L^{2.861}$（$R^2 = 0.963$）
2009 年 2 ~ 9 月	鲢	59	467.9 ± 80.3	2030.36 ± 1651.3	$W = 0.015 L^{3.039}$（$R^2 = 0.926$）
	鳙	45	479 ± 114	3491.8 ± 4500	$W = 0.030 L^{2.880}$（$R^2 = 0.936$）

（1）鲢的生长：由表 4-11 可以看出，鲢夏花放流后的半年内，采集到样本 197 尾，其体长、体重分布区间分别为 337.8mm ± 49.3mm 和 767.9g ± 362.5g，其体长和体重呈幂函数相关，拟合方程为 $W = 0.034L^{2.825}$（$R^2 = 0.707$）。采集到最大个体为 2 039g，全长 55.9cm，体长 47.1cm，分析认为是湖内原留有的；采集到最小个体为 258 克/尾，全长 30.2cm，体长 25cm。由图 4-9 可看出，鲢夏花生长较快。采用肥满度公式 $K = W \cdot 100/L^3$（Fulton，1920）计算得肥满度平均约 1.992。

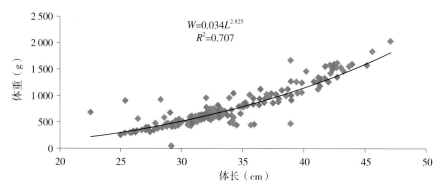

图 4-9 2007 年鲢体长与体重关系

Fig. 4-9　The relation between body length and body weight of silver carp in 2007

2008 年 1 ~ 11 月采集到鲢样本 341 尾，其体长、体重分布区间分别为 350.2mm ± 75.4mm 和 977.6g ± 1 275.4g，其体长和体重的幂函数相关拟合方程为 $W = 0.017L^{3.028}$（$R^2 = 0.952$）。采集到最大个体为 19 950g，全长 90cm，体长 78cm，分析认为是湖内原留有的；采集到最小个体为 139g，全长 24cm，体长 20cm。计算得肥满度平均约 2.277。

2009 年 2 ~ 12 月采集到鲢样本 59 尾，其体长、体重分布区间分别为 467.9 ± 80.3mm 和 2 030.36g ± 1 651.3g，其体长和体重幂函数相关拟合方程为 $W = 0.015L^{3.039}$（$R^2 = 0.926$）。采集到最大个体为 12 900g，全长 93cm，体长 82cm，分析认为是放流的鱼（图 4-10）。计算得肥满度平均约 1.982。

（2）鳙的生长：2007 年 2 月采集到鳙的一群体有 14 尾，总重 1 250g；在 5 月、9 月和 10 月先后采集到 5 尾，体重范围为 947 ~ 1 178g，分析均为由太湖流入。蠡湖则在 12 月才放流 2 龄鳙鱼种的。

2008 年 1 ~ 11 月采集到鳙样本 88 尾，其体长、体重分布区间分别为 320.1mm ± 85.3mm 和 852.7g ± 695.2g，其体长和体重的幂函数相关拟合方程为

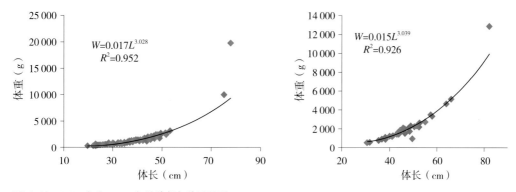

图 4-10　2008 年和 2009 年鲢体长与体重关系

Fig. 4-10　The relation between body length and body weight of silver carp in 2008 and 2009

$W = 0.035L^{2.861}$（$R^2 = 0.963$）。采集到最大个体为 3 931g，全长 65cm，体长 54.9cm，分析认为是放流的鱼。计算得肥满度平均约 2.599。

2009 年 2 ~ 12 月采集到鳙样本 44 尾，其体长、体重分布区间分别为 493.5mm ± 71.5mm 和 2 474.14g ± 1 039.7g，其体长和体重幂函数相关拟合方程为 $W = 0.030L^{2.880}$（$R^2 = 0.936$）。采集到最大个体为 6 406g，全长 75.5cm，体长 68.6cm，分析认为是放流的鱼（图 4-11）。计算得肥满度平均约 2.059。

由图 4-10 和图 4-11 可看出，鲢、鳙的生长情况有差异，鲢群体生长较均匀，鳙则生长中个体差异明显。从鲢、鳙的肥满度表明，蠡湖存在有大量鲢、鳙的适口饵料，放流鲢、鳙有生长优势。

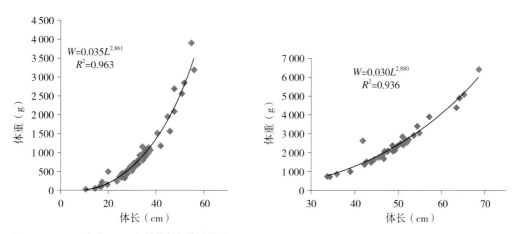

图 4-11　2008 年和 2009 年鳙体长与体重关系

Fig. 4-11　The relation between body length and body weight of bighead carp in 2008 and 2009

由于鲢、鳙的体长和体重呈幂函数相关的拟合方程中的幂指数接近 3，表明蠡湖的鲢、鳙属于匀速生长类型。

4.3.2　年龄检测

在 2007 年 12 月 16 日放流 2 龄鲢、鳙鱼种后，于当月底和翌年 1 月常规采样中共获得 97 尾鲢，通过年龄检测可知，2 龄鱼占 77.3%，3 龄鱼占 22.7%，未采到 1 龄鱼（即 6 月放流的夏花鱼种）；获得的 19 尾鳙的年龄检测为 2 龄鱼种约占 90%，采到 3 龄和 1 龄鱼种各 1 尾（表 4–12），表明放流规格符合要求为 2 龄鱼种。

表 4-12　放流的鲢、鳙鱼种年龄检测
Table 4-12　The age of silver carp and bighead carp

采样时间	年龄	鲢			鳙			合计采到样品数（尾）
		尾数	平均体长（cm）体长范围	平均体重（g）体长范围	尾数	平均体长（cm）体长范围	平均体重（g）体长范围	
2007 年 12 月 27 日	1 龄				1	11.4	28	52
	2 龄	27	31.97 / 25.5～33.4	40.3 / 35.9～42.2	11	32.13 / 22.4～33.7	837.56 / 273～840	
	3 龄	13	650.34 / 258～754	1 087.00 / 838～1 422				
2008 年 1 月 22 日	1 龄							64
	2 龄	48	31.32 / 23.2～33.2	608.63 / 258～754	6	29.20 / 24.0～31.3	553.17 / 349～679	
	3 龄	9	37.46 / 34.8～42.3	943.89 / 716～1 158	1	35.20	995.00	

4.3.3　食性检测

（1）摄食强度和饱满指数：检测了鲢、鳙的摄食强度，现场解剖的检测鱼样肠道内充满了食物（图 4-12），其充塞度为 4 级。肠道充塞度达 4 级以上的占 65%，但不膨胀的居多，同时也表明鲢、鳙在藻类的吃食效果上是相仿的（表 4-13）。

（2）食物组成：对鲢、鳙肠道的食物团进行镜检发现，主要摄食的藻类包括蓝藻、绿藻、硅藻、甲藻和隐藻，同时统计了藻类的出现率（表 4-14）。采用出现率指标来表明鲢、鳙是否摄食了某种藻类，同时反映了鲢、鳙对该藻类的喜好程度。通过前肠和后肠出现率的多少来判断该种藻类是否在鲢、鳙体内得到了有效的消化分解，从理论上论证鲢、鳙对于治理蓝藻和绿藻的作用。

表 4-13　鲢、鳙摄食强度及饱满指数

Table 4-13　Feeding intensity and fullness of H. molitrix and A. nobilis

品　　种	采样数	充　塞　度						饱满指数	
		0	1	2	3	4	5	范　　围	平　　均
鲢	20	0	0	2	6	10	2	441.91 ~ 842.24	637.61
鳙	20	0	0	2	4	10	4	478.46 ~ 887.57	644.52

注：①摄食强度用充塞度分级表示，0级为肠道中没有食物，即空肠；1级为肠道中仅有残食，约占肠管的1/4；2级为肠道中有少量食物，约占肠管的1/2；3级为肠道中有适量食物，约占肠管的3/4；4级为肠道中充满了食物，但肠壁不膨大；5级为肠道中充满了食物，且肠壁膨大。②食物饱满指数 = 10 000× 食物团湿重 / 鱼空壳重。

图 4-12　鲢、鳙肠道内的食物充塞度

Fig. 4-12　Intestinal food fullness of silver carp and bighead carp

表 4-14　鲢、鳙肠道的食物种类及出现率

Table 4-14　Food composition and frequency in silver carp and bighead carp intestinal tract

序　号	品　种	部　位	蓝藻	绿藻	硅藻	甲藻	隐藻
1	鲢	前肠	9	5	7	4	4
		后肠	5	1	5	2	2
2	鲢	前肠	15	17	5	3	1
		后肠	13	13	3	1	0
3	鳙	前肠	53	31	11	3	6
		后肠	39	27	9	2	5
4	鳙	前肠	29	26	19	4	5
		后肠	28	20	12	1	4

注：出现率是指出现的藻类中属于各个门的数量。

4.4　鲢、鳙的空间分布特性

放流后，研究了鲢、鳙的空间分布特性，以 2008 年 1～11 月各监测站的鲢、鳙多样性指数和均匀度指数分析（表 4-15 和图 4-13）表明，鲢、鳙的多样性和均匀度都较好，唯东蠡湖石塘桥的多样性指数和均匀度指数较其他湖区处于相对低下的水平。

表 4-15　2008 年各监测站的鲢、鳙的多样性指数和均匀度指数

Table 4-15　The diresrity index and uniformity index of silver carp and bighead carp in each monitoring station in 2008

名　　称	渔夫岛	鹿顶山	充山	水上明月	宝界桥西	双虹园	珍宝坊	西施岛	石塘桥	美湖
多样性指数	2.067	2.196	2.176	2.242	2.294	2.143	2.076	2.225	1.769	2.199
均匀度指数	0.745	0.746	0.803	0.761	0.732	0.756	0.787	0.802	0.67	0.793

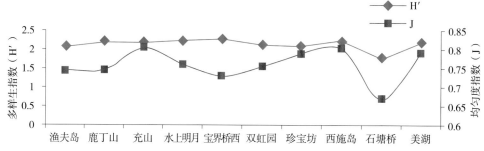

图 4-13　2008 年各监测站点鲢、鳙的多样性指数和均匀度指数

Fig. 4-13　The diresrity index and uniformity index of silver carp and bighead carp in each monitoring station in 2008

4.5　回捕

4.5.1　捕获量

首次回捕是禁捕 2 年后的 2009 年 9 月 25～27 日，先试捕 3 天，后于 12 月 19

日正式捕捞，到 2010 年 1 月 10 日结束，共捕捞 23 天。总渔获量为 211 992.5kg，其中鲢、鳙为 193 920kg，合计占 91.48%，鲢:鳙为 2.87∶1；另有天然鱼类 18 063.5kg，占 8.52%。

第二次回捕是 2010 年底。于 2010 年初增放了鱼种后，年底再回捕。渔获量为 132 301kg，其中鲢、鳙为 123 749.5kg，合计占 95.05%，鲢∶鳙为 3.14∶1；另有天然鱼类 6 552.5kg，占 4.95%（表 4-16）。

表 4-16　蠡湖 2009 年与 2010 年的二次回捕放流鱼实况
Table 4-16　Fishing situation in Lihu Lake in 2009 and 2010

回捕时间	捕捞量（kg）	鳙		鲢		鲢∶鳙	天然鱼类	
		重量（kg）	占总量百分比（%）	重量（kg）	占总量百分比（%）		重量（kg）	占总量百分比（%）
2009 年试捕	16 699.5	435.0	2.60	11 972.5	71.69	27.5∶1	4 292.0	25.70
2009 年捕捞	195 293.0	46 250.5	23.68	135 271.0	69.27	2.92∶1	13 771.5	7.05
合　计	211 992.5	46 685.5	22.02	147 243.5	69.46	2.87∶1	18 063.0	8.52
2010 年试捕	80 247.5	24 631.0	30.69	52 341.5	65.23	2.13∶1	3 275.0	4.08
2010 年捕捞	52 053.5	5 754.5	11.05	43 021.5	82.65	7.48∶1	3 277.5	6.30
合　计	132 301.0	30 385.5	22.97	95 363.0	72.08	3.14∶1	6 552.5	4.95

4.5.2　回捕鲢、鳙的年龄组成

对 2009 年 9 月试捕中获得的鲢、鳙进行了年龄抽样检测。鳙中，3 龄鱼约占鳙

捕捞量的 32%，体重 4 500 ～ 7 000g；4 ～ 5 龄鱼约占鳙捕捞量的 65%，体重 8 000 ～ 14 000g；最大体重为 16 500g，年龄为 6 龄。鲢中，3 龄鱼约占鲢捕捞量 25%，体重 4 500 ～ 7 000g；4 ～ 5 龄鱼约占鲢捕捞量 60%，体重 6 000 ～ 13 000g；最大体重为 15 500g，年龄为 6 龄。表明回捕的鲢、鳙主体为项目组 2007 年 12 月所放流的。

对 2010 年 11 月试捕中回捕到的鲢、鳙也进行了年龄抽样检测。鳙年龄为 3 龄，体重 1 300 ～ 3 000g，约占鳙捕捞量的 75%；年龄为 4 龄，最大体重为 10 500g，约占鳙捕捞量的 25%。试捕中鲢年龄为 3 龄，体重 1 000 ～ 2 800g，约占鲢捕捞量的 66%；年龄为 4 龄，最大体重为 5 490g，约占鲢捕捞量的 34%。表明回捕的鲢、鳙主体为项目组 2010 年 1 月所放流的。

4.5.3 蠡湖鲢、鳙生长情况分析

2010 年 1 月 11 日放流的标志鲢、鳙，同年 11 ～ 12 月回捕到鳙 15 尾，均为 2 冬龄。查标志放流数据库知：放流时平均体重为 321.13g ± 94.62g，回捕到时体重为 1 764.85 ± 489.1g，其中最大个体是由 560 g 长到 2 991g，最小个体则由 170g 长到 987.4g，生长了 311 ～ 317 天，依据增重率（%）=（当年体重 - 前年体重）÷ 前年体重 × 100% 计算，最大增重率 380%，平均增重率 352%。

回捕到鲢 21 尾，均为 2 冬龄。放流时平均体重为 338.52g ± 136.73g，回捕到时体重为 15 555.4g ± 601.87g，其中最大个体是由 670g 长到 2 820.7g 的，最小个体则由 190g 长到 883.5g，生长了 313 ～ 344 天，最大增重率 300%，平均增重率 262%。

依据回捕到的标志放流鱼的检测情况表明，由于禁捕和饵料生物丰富，蠡湖的鲢、鳙生长较快。结合 2008 ～ 2009 年的常规监测，测算出鲢体重在 2 龄为 1 ～ 2.8kg，3 龄为 3.5 ～ 6.5kg，4 龄为 5 ～ 10kg，5 龄为 8 ～ 13kg；鳙体重在 2 龄为 1.3 ～ 3kg，3 龄为 4.5 ～ 7kg，4 龄为 7 ～ 10kg，5 龄为 10 ～ 16kg（表 4-17）。

表 4-17　蠡湖鲢、鳙各龄组体重与增重率

Table 4-17　Weight and weight gain rata of silver carp and bighead carp in each age group in Lihu Lake

品种	2 龄体重（kg）	2 ～ 3 龄增重率（%）	3 龄体重（kg）	3 ～ 4 龄增重率（%）	4 龄体重（kg）	4 ～ 5 龄增重率（%）	5 龄体重（kg）	5 ～ 6 龄增重率（%）	6 龄体重（kg）
鲢	2	140	4.8	66.7	8	50	12	33	16
鳙	2.5	124	5.6	78.5	10	60	16	20	20

4.6　净水渔业技术治理蠡湖水质的效果明显

4.6.1　2008 年起蓝藻水华消失

2007 年受太湖蓝藻大规模暴发（5 月下旬）的影响，蠡湖在 6 ～ 8 月出现蓝藻水华。自 2007 年放流了滤食性鱼后，2008 年后不再出现蓝藻水华现象，这与有较大的鲢、鳙种群存在有关。以放流鲢、鳙的体重增重率和一般认为的每增重 1kg 消耗 30 ～ 40kg 藻类计，蠡湖的藻类被大量利用了。

检测表明，蓝藻中的微囊藻和颤藻在鲢、鳙的前肠和后肠均频繁出现，而且数量也占了绝对地位。前肠出现的微囊藻以多细胞群体的形式存在，后肠出现的微囊藻则以零星的小数量群体形式出现，而颤藻则以小片段的形式出现，这说明微囊藻和颤藻在鲢、鳙体内即使未完全消化，也破坏了其藻类存在的形式（图 4-14）。由以上表明，鲢、鳙对治理微囊藻和颤藻有一定的作用，从而使蠡湖蓝藻水华消失。

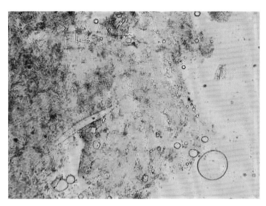

图 4-14　鲢、鳙体内未完全消化的藻类
Fig. 4-14　Incomplete digestion algae in silver carp and bighead carp

4.6.2　总氮和总磷负荷大幅度下降

国家环境保护总局 2006 年 7 月 27 日公告显示，蠡湖在 2005 年的总氮为 5.6mg/L、总磷为 0.137mg/L。通过 2007 ～ 2010 年放流滤食性生物已将部分浮游植物和浮游动物转变成鱼蛋白输出水体，2010 年，蠡湖的总氮为 1.11mg/L、总磷为 0.016mg/L，表明总氮和总磷负荷比 2005 年分别下降 80% 和 88%。

4.6.3　水质明显好转，由 Ⅴ 类上升为 Ⅲ 类水质

结合由 2006 ～ 2010 年连续对水质的监测表明，2010 年高锰酸盐指数、总氮、总磷均已达到在 Ⅲ 类水之内，国家环境保护局 2011 年 7 月 27 日发布的 2011 年上半年淡水环境公报中指出，蠡湖为 Ⅲ 类水质。

4.6.4　营养状态逐年好转，2010 年已为中营养状态

采用综合营养状态指数法对水体的营养状态分级评价，2007 ～ 2010 年的综合营养状态指数分别为 67.3、69.3、64.6 和 59.4，可见蠡湖的营养状态在逐年好转，4 年内综合营养状态指数下降了 11.3%。据 2011 年上半年江苏省环境状况发布的公告中指明，蠡湖为中营养状态（以上均详见第 5 章）。

4.6.5　估算回捕的鲢、鳙带走的氮、磷量

鲢、鳙通过吞食藻类维持自身生长，间接地将水体中的氮和磷转换为鱼类蛋白，经过一定的生长期，将达到一定规格的鲢、鳙捕捞上市，直接从水体抽提出氮和磷，达到减氮降磷的目的。对鱼类带出的氮、磷含量一般按含氮 2.5% ~ 3.5%、含磷 0.3% ~ 0.9% 来计算，对于鲢、鳙还参照了其鱼体氮、磷含量与体重的关联方程（邹清等，2002），并结合有关测定的参数进行换算，估算了 2009 年和 2010 年 2 次集中捕捞鲢、鳙从蠡湖取出的氮、磷含量（表 4–18）。

表 4–18　2009 ~ 2010 年蠡湖集中捕捞量及估算所得氮、磷输出
Table 4-18　Amount of fishing and estimation of nitrogen and phosphorus output in Lihu Lake (2009-2010)

年　份	品　种	产量（kg）	氮（kg）	磷（kg）
2009	鳙	51 376.5	1 551.5	229.9
	鲢	147 343.5	5 605.8	1 396.7
2010	鳙	30 385.5	896.6	138.8
	鲢	95 362.0	3 510.1	861.9
合计		324 467.5	11 564.0	2 627.3

此外，以捕捞获得总渔获量为 344.3t 计算，取出的氮、磷量分别约为 12.4t 和 2.8t。

蠡湖虽实施禁渔措施，但仍有较多放流鱼的流失，偷捕也严重，加上每月检测捕捞的鱼，估计蠡湖 2009 年捕捞量为 300t 左右，其中鲢、鳙约 260t，其他鱼类约 40t，以此估算，从湖中输出氮约 9.6t、磷约 2.26t。2010 年捕捞量为 230t 左右，其中鲢、鳙约 190t，其他鱼类约 40t，以此估算，2010 年从湖中输出氮约 6.4t、磷约 1.86t。

4.7　小结与讨论

4.7.1　净水渔业技术成功降解蠡湖的总氮、总磷

鲢、鳙能控藻已多次被理论和实践所证实，也被广泛推广应用。本试验是论证净水渔业技术——即放流大规格鲢、鳙 2 龄鱼种、回捕 4 龄以上成鱼，以及湖中留有一定量的鲢、鳙群体，能达到湖泊水质降氮、磷的目的，这与其他湖泊以生产为目的放流鲢、鳙是不同的。

本次试验历时 4 年，使蠡湖水质由 Ⅴ 类上升为 Ⅲ 类，明显好转。监测表明，2010 年比 2007 年总氮下降了 77%、总磷下降了 48%，达到了净水的目的，也证实了

净水渔业技术的净水作用。

2011 年后未再继续试验，但此后蠡湖水质保持了Ⅲ类水（表 4-19）。由于 2004 年在西蠡湖实施的修复湖滨沿岸带、建立湖滨湿地和重建水生植被等，经多年后水生植被有所恢复，也使水质一直能保持良好。

表 4-19　蠡湖 2011 ~ 2013 年水质情况
Table 4-19　The water quality of Lihu Lake (2011–2013)

年份	高锰酸盐指数（mg/L）	总氮（mg/L）	氨氮（mg/L）	总磷（mg/L）	化学需氧量（mg/L）	综合营养状态指数
2011	4.2	1.08	0.1	0.058	23	55.3
2012	3.5	1.01	0.09	0.048	22	52.0
2013	3.5	1.24	0.1	0.056	27	52.8

注：引自无锡市环境监测中心。

4.7.2　证实了净水渔业技术的关键技术的正确性

总结前人研究结果和实践者们的经验，按净水渔业理念设计的关键技术是放流滤食性鲢、鳙的大规格鱼种（2 龄鱼种），然后禁捕，让水域中有一定的鲢、鳙群体以充分发挥其净水作用，再回捕高规格成鱼（4 龄以上），将水域中的氮、磷移出。蠡湖实施净水渔业技术充分体现了理论与实践相结合。

（1）依据邹清等（2002）试验表明，鲢、鳙不同生长阶段排泄物中氮、磷含量的变化规律是小型个体对所摄取食物的氮的吸收和转化率高于大型个体，而对磷的吸收和转化率则正好相反。据此制定了为降低水体中氮、磷的含量，必须要放流 2 龄鱼种的方案。本试验通过监测水质，证实了 2007 年 12 月放流后，2008 年总氮年均值 3.257mg/L，比 2007 年年均值 4.834mg/L 下降了 33%，而且呈明显的逐月下降，总氮在 2008 年 1 月为 5.812mg/L，12 月为 2.217mg/L，下降了 61%；到 2009 年试捕捞出部分鲢、鳙后的 10 月，总氮已为 1.001mg/L，按地表水标准已上升为Ⅲ类水范围内。同步监测的总磷却呈现出先增后降的过程（详见第 5 章）。

（2）依据陈少莲等（1991）试验表明，鲢、鳙的氮、磷排泄量（绝对值）随着鱼体增重而上升，而其排泄率（相对值）则随着鱼体重增加而下降，其中鲢的氮、磷代谢强度高于鳙。为降低湖水中氮、磷，必须在湖区有一定的大个体鲢、鳙群体，使其通过摄食过程加速水体氮、磷释放和提高对初级生产者的利用率，也使大量氮、磷固定到鱼体。

（3）鲢、鳙通过摄食转化能量使大量氮、磷固定到鱼体积贮，依据不同生长阶段的氮、磷含量及体重与氮、磷含量的关系基本保持稳定，鱼体越大存贮氮、磷含量越高，移出水体时带走的氮、磷含量也越高，因此捕捞出水的必须是大个体的鲢、鳙。因而在管理（即操作方法）上，放流后必须禁捕 2 年（指放流 2 龄鱼种的情况）才能回捕。本试验表明，监测禁捕 2 年回捕到的 4 龄鲢体重为 8kg/ 尾左右、鳙为 10kg/ 尾左右，2009 年一次回捕估算移出了氮 7.2t、磷 1.6t。而 2010 年因放流后禁捕一年回捕，70% 左右为 3 龄鱼，捕捞后仅移出氮 4.4t、磷 1t。可见，要有一定的禁捕时间，换言之，要适时回捕。

（4）由于大个体的鲢、鳙有较大的鳃孔，能有效地摄取大型蓝藻及形成群体的蓝藻（如微囊藻）。对鲢、鳙食性检测表明，即使微囊藻和颤藻在鲢、鳙体内不能完全消化，也破坏了藻类存在形式，从而使蓝藻水华消失，控藻作用较显著。同时通过监测浮游藻类（特别蓝藻）在放流鲢、鳙后的 4 年动态变化（详见第 6 章）得以证实。

4.7.3　浅水湖泊实施净水渔业技术有局限性

在浅水湖泊中，由于长期传统的以获取最大可持续渔产量为主要目标所进行的鱼类放流造成了生态系统破坏，氮、磷积累过多而富营养化，超过了湖体的自净能力，从而使得湖泊生态系统和水功能受阻碍和破坏，故需对外源和内源污染源同时控制的情况下实施净水渔业技术，以对湖泊进行生物修复。

若在对外源和内源污染源不能控制的情况下，以"净水渔业"理念对湖泊进行生物修复，则需时较长，且对技术要求更高。如实施轮放轮捕和限额捕捞等技术，要依据水环境变化制定具体实施方法。

太湖、巢湖等大型湖泊虽每年投放大量鲢、鳙鱼种和实施禁捕，但当年回捕的鲢、鳙个体小，尚未充分发挥其净水、控藻作用。因此，实施的并不是净水渔业技术。

第 **5** 章

净水渔业技术对蠡湖水质的影响

通过监测蠡湖2007 ~ 2010年的水质，就放流滤食性鱼类后水质由《地表水环境质量标准》（GB 3838—2002）的 V 类水上升为 III 类水的变化过程，验证了净水渔业技术的净化水质功效。

5.1 放流滤食性鱼类后水质主要因子的实测值

水质是水生态的关键因子之一。放流滤食性鱼类，利用其摄食过程加速水体氮、磷释放进程和通过鱼体积贮从水体中移出大量氮、磷，从而达到降解湖水中氮、磷和改善湖泊营养状态的目的，湖水的其他性质则不变。

5.1.1 湖水主要理化因子不变

（1）水温：4 年内采样日的水温变动范围为 6.0 ~ 32.3℃（表 5-1 和图 5-1），表明蠡湖常年为适宜鱼类生长的水温。总体看，2007 年水温总体偏高但月变化缓慢，7 月采样日的水温最高为 31.7℃；2008 年春季水温偏低，总体全年稍低于上年；2009 年水温与 2007 年相似，但秋季水温下降很快，到 2010 年 4 月虽偏低，而 8 月则出现持续超 32℃的水温，对水生生物还是有较大影响的，相关的测试值也会有波动。由于采样日的水温相近，所监测的各项目数据有可比性。

（2）透明度：透明度是评价湖泊营养状态的主要参数之一。蠡湖是藻型湖泊，其透明度不高，就 2007 ~ 2010 年内监测到的透明度变化范围为 91 ~ 15cm，全湖年平均分别为 41.03cm、27.74cm、28.15cm 和 26.16cm（表 5-2），呈逐年下降趋

表 5-1 2007 ~ 2010 年采样日水温情况
Table 5-1 The water temperature on the sampling day (2007–2010)

年份	水温（℃）								
	1 月	3 月	4 月	5 月	6 月	7 月	8 月	9 月	10 月
2007	6.0	14.6	19.2	25.2	29.2	31.7	29.2	25.9	16.2
2008	6.0		13.7	19.5	24.9	29.8	29.0	28.0	16.8
2009		10.0	18.0	19.0	26.0	30.0	30.0	25.0	13.0
2010			12.9	21.6	26.2	27.2	32.3	27.0	15.0

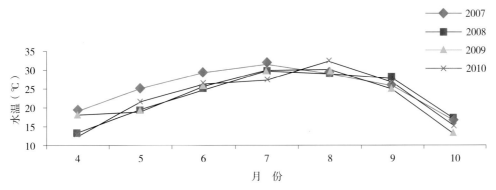

图 5-1　2007 ~ 2010 年采样日水温对比
Fig. 5-1　Comparison of water temperature on the sampling day (2007–2010)

表 5-2　2007 ~ 2010 年的透明度逐月变化
Table 5-2　The monthly change of SD (2007–2010)

年份	透明度（cm）										平均
	1 月	3 月	4 月	5 月	6 月	7 月	8 月	9 月	10 月	12 月	
2007	45.20	51.97	64.06	32.50	47.40	45.20	30.60	28.70	23.60	—	41.03
2008	41.33	—	30.07	28.73	26.53	29.93	22.40	21.90	23.59	25.10	27.74
2009	—	38.60	39.13	24.60	24.13	30.40	26.33	23.93	19.00	—	28.15
2010	26.0	26.0	25.87	34.30	29.55	29.20	21.10	21.33	21.47	25.0	26.10

注：全湖平均值均按面积加权法计算，3 湖区权重分别为：西蠡湖区 0.455，东蠡湖区 0.473，美湖区 0.072。

势。分析认为，2007 年透明度最高出现在 4 月，平均透明度 64.1cm，其中西蠡湖为 40.03cm，东蠡湖的透明度大于西蠡湖，为 69.1cm，其 7 号点透明度为 91cm。随水温升高、藻类增多，从而透明度逐月降低，10 月最低。虽 6 月放流了鲢、鳙夏花和 12 月放流了鱼种，但对透明度基本无影响。由 2008 年 1 月与 2007 年 1 月的透明度相近可知，表明初放流鲢、鳙时，未影响湖区透明度情况。

以后几年，透明度的变化情况总体仍是 4 月稍高、10 月较低，但其逐年降低可能与放流鲢、鳙有关。因鲢、鳙为中上层鱼类，其生长过程中的摄食活动对透明度会有影响，并与其种群大小和活动频繁度相关。如 2009 年 10 月透明度很低，可能与 9 月底的试捕及湖区有较高密度的鲢、鳙群体有关。

依据对各站点的监测（图 5-2a 和 b）可以看出，2007 年西蠡湖和东蠡湖各站点的透明度不一，若忽略 6 月放流的夏花鱼种，应视为原有的生态情况。放流鲢、鳙后，受其活动影响，各站点的透明度渐趋于一致，尤其是 2008 年，东蠡湖和西蠡

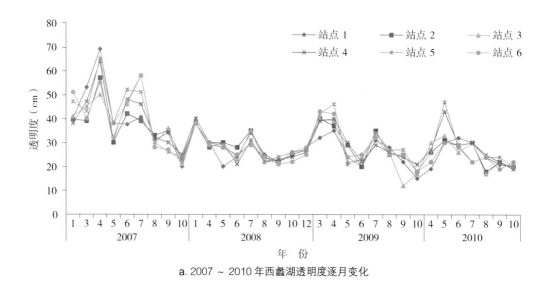

a. 2007 ~ 2010 年西蠡湖透明度逐月变化

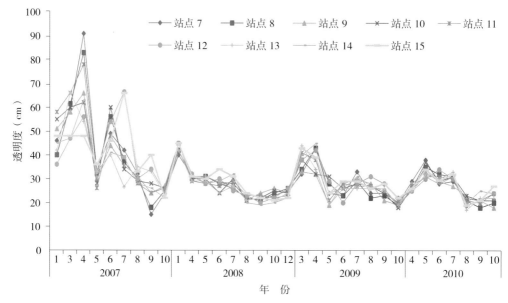

b. 2007 ~ 2010 年东蠡湖和美湖（站点 15）透明度逐月变化

图 5-2 2007 ~ 2010 年蠡湖透明度逐月变化

Fig. 5-2 The monthly change of SD in Lihu Lake (2007–2010)

湖透明度都在 20 ~ 30cm。但到 2009 年和 2010 年，西蠡湖出现有的站点透明度稍高，分析是曾在西蠡湖进行的水生植被修复有所恢复所致。

若以放流鱼类活动影响较大的每年 4 ~ 10 月的同期监测比较（图 5-3），除水温、藻类等环境因子外，放流鲢、鳙也是影响透明度的因子之一。

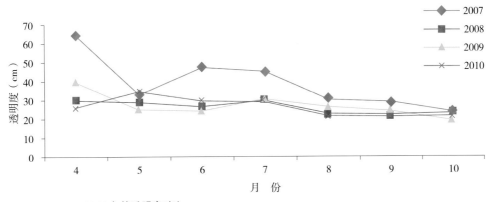

图 5-3　2007 ~ 2010 年的透明度对比
Fig. 5-3　Comparison of SD (2007–2010)

（3）pH：2007 ~ 2010 年对 pH 的监测可知，变化范围为 6.8 ~ 8.4。4 年同期监测比较（表 5-3、图 5-4），除 2007 年 8 月和 2009 年 10 月因采样日为阴雨天，藻类的光合作用比较弱，可能会以呼吸作用为主，水中的二氧化碳在该时间段是净增加的，因此造成 pH 低于 7 外，其他时段均在正常范围内波动，基本上为微碱性。即使放流鲢、鳙或有较大的鲢、鳙群体存在时，pH 均在正常范围内，从各站点监测图（图 5-5a、b）也可证实蠡湖的 pH 正常。

表 5-3　2007 ~ 2010 年逐月 pH 变化情况
Table 5-3　The monthly change of pH (2007–2010)

年份	pH										平均
	1 月	3 月	4 月	5 月	6 月	7 月	8 月	9 月	10 月	12 月	
2007	8.10	7.92	7.90	7.50	8.10	8.20	6.90	8.40	7.60	—	7.85
2008	8.14	—	8.12	8.30	7.23	7.18	8.11	7.75	8.15	7.66	7.85
2009	—	7.68	7.54	7.79	7.83	7.83	7.82	7.81	6.80	—	7.64
2010	—	—	7.90	7.47	7.48	7.53	7.60	7.54	7.41	—	7.56

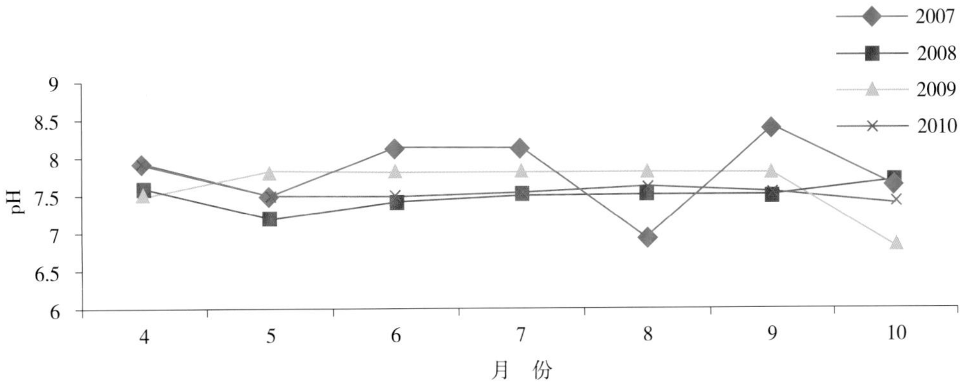

图 5-4　2007 ~ 2010 年 pH 对比
Fig. 5-4　Comparison of pH (2007–2010)

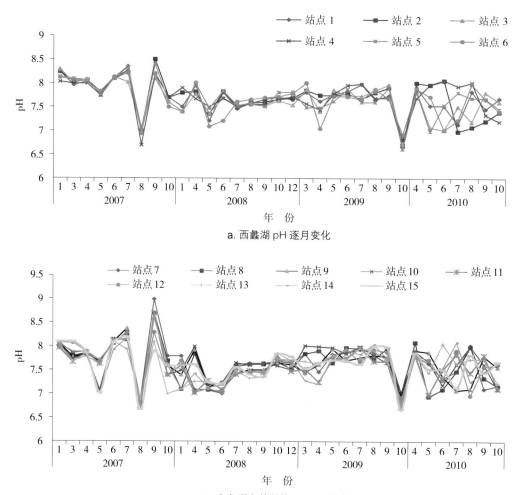

a. 西蠡湖 pH 逐月变化

b. 东蠡湖和美湖的 pH 逐月变化

图 5-5 2007 ~ 2010 年蠡湖的 pH 逐月变化

Fig. 5-5 The monthly change of pH in Lihu Lake (2007–2010)

（4）溶解氧：4 年内监测到的溶解氧变化范围为 6.25 ~ 12.48mg/L（表 5-4），各站点的溶解氧也不一，但东蠡湖和西蠡湖的变化范围无太大差异（图 5-6a、b）。

表 5-4 2007 ~ 2010 年溶解氧逐月变化情况

Table 5-4 The monthly change of DO (2007–2010)

年份	溶解氧（mg/L）									
	1 月	3 月	4 月	5 月	6 月	7 月	8 月	9 月	10 月	12 月
2007	6.25	7.46	8.10	8.43	8.15	8.68	7.32	8.54	8.83	—
2008	12.48	—	8.81	10.45	8.51	8.86	9.10	9.52	8.67	8.88
2009	—	11.70	9.63	8.60	8.88	8.70	11.70	8.71	7.79	—
2010	—	—	9.78	9.50	6.77	7.64	6.51	7.26	7.12	—

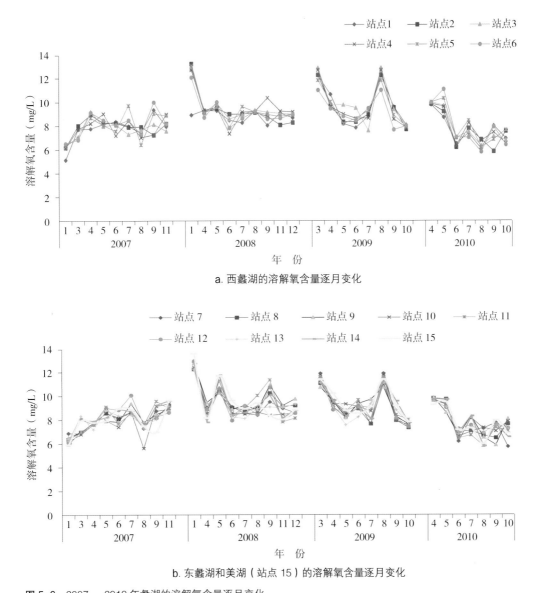

图 5-6 2007 ～ 2010 年蠡湖的溶解氧含量逐月变化
Fig. 5-6 The monthly change of DO in Lihu Lake (2007–2010)

　　4 年内的变化可从图 5-7 看出，2008 年、2009 年溶解氧较高，可能与鲢、鳙群体增大，以及活动频繁有关；2010 年 6 月后溶解氧不如上年高，分析可能与水温较高有关。总之，4 年内溶解氧处于正常状态。

　　（5）总硬度和钙、镁离子含量：2007 ～ 2010 年蠡湖水硬度年平均分别为 11.2 德国度、9.6 德国度、10.2 德国度和 9.2 德国度，可能因放流鲢、鳙而呈逐年变软的趋势（图 5-8）。湖区钙、镁离子变化则与大量放流鲢、鳙后的鱼体吸收转化有关，总体量有减少但并不多（图 5-9）。

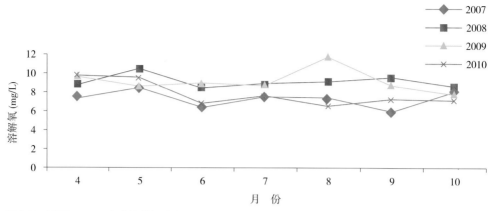

图 5-7 2007 ~ 2010 年的溶解氧对比
Fig. 5-7　Comparison of DO (2007–2010)

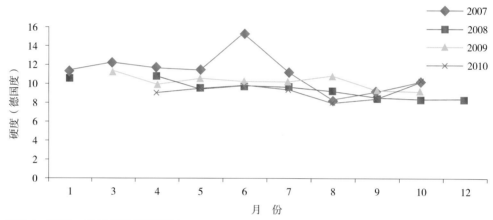

图 5-8 2007 ~ 2010 年湖水硬度对比
Fig. 5-8　Comparison of hardness (2007–2010)

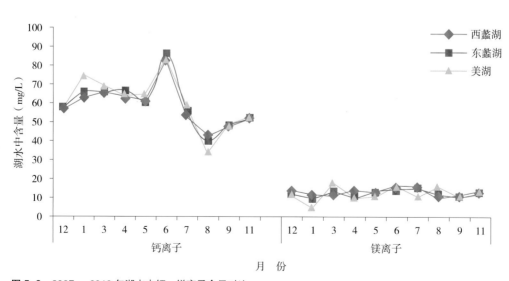

图 5-9 2007 ~ 2010 年湖水中钙、镁离子含量对比
Fig. 5-9　Comparison of Ca^{2+} and Mg^{2+} (2007–2010)

5.1.2　降低了化学耗氧量和营养元素氮、磷

（1）高锰酸盐指数：4 年内监测到的高锰酸盐指数变化范围在 9.71 ～ 2.98mg/L，全湖月平均为 8.937 ～ 3.833mg/L（表 5–5），年均值为逐年下降，到 2010 年达到Ⅲ类水标准之内（图 5–10），表明通过放流鲢、鳙，蠡湖水体污染大大降低。

表 5–5　2007 ～ 2010 年高锰酸盐指数逐月变化情况
Table 5–5　The monthly change of COD_{Mn} (2007–2010)

年份	高锰酸盐指数（mg/L）										平均
	1 月	3 月	4 月	5 月	6 月	7 月	8 月	9 月	10 月	12 月	
2007	5.034	6.743	8.038	7.423	5.149	6.389	7.534	7.617	5.911		6.653
2008	8.317		8.937	7.097	7.289	8.501	6.939	7.181	7.420	7.722	7.711
2009		4.613	4.701	6.354	6.937	6.620	8.326	5.929	5.880		6.170
2010			4.990	3.833	5.184	5.357	5.381	5.340	5.410		5.071

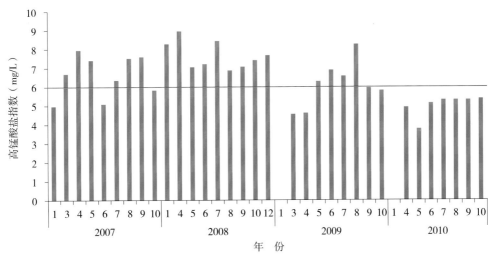

图 5–10　2007 ～ 2010 年高锰酸盐指数的逐月变化情况
Fig. 5–10　The monthly change of COD_{Mn} (2007–2010)

在 4 ～ 10 月同期，西蠡湖、东蠡湖和美湖的高锰酸盐指数变动情况如图 5–11a 和 b。由图可见，西蠡湖 2007 年高锰酸盐指数 6 月和 10 月在Ⅲ类水范围内，4 月出现最高值 9.23mg/L；2008 年全年在Ⅳ类水范围内；2009 年除 8 月外，各站点高锰酸盐指数波动剧烈，但在下降；2010 年各站点的高锰酸盐指数均在Ⅲ类水范围内。

东蠡湖 2007 年高锰酸盐指数与西蠡湖相似，6 月和 10 月基本在Ⅲ类水范围内，多站点出现最高值，但均低于 8.53mg/L；2008 年全年为Ⅳ类水，高锰酸盐指数最高

值为 9.65mg/L，出现高于 9.0mg/L 的有 12 个站点（次）；2009 年则 5 ～ 8 月仍为Ⅳ类水；到 2010 年才全部在Ⅲ类水范围内了。

美湖（站点 15）的高锰酸盐指数 7 月和 10 月在Ⅲ类水范围内，4 月出现最高值 8.53mg/L；2008 年全年为Ⅳ类水，高锰酸盐指数 5 月出现最高值为9.21mg/L；2009 年仅 8 月为Ⅳ类水；2010 年全部在Ⅲ类水范围内了。

自 2007 年放流鲢、鳙后，因鱼群活动而使三湖区各站点高锰酸盐指数值有差异，但随时间推移，高锰酸盐指数均降为Ⅲ类水范围内。

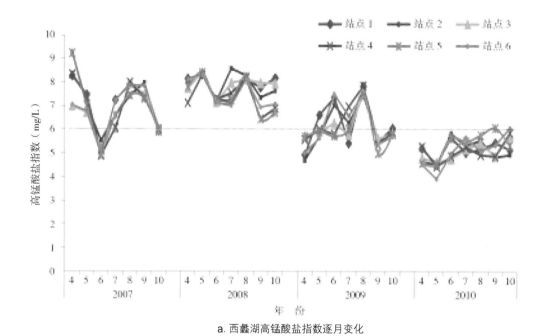

a. 西蠡湖高锰酸盐指数逐月变化

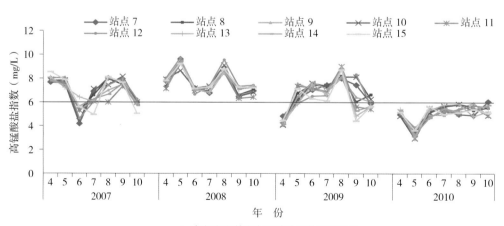

b. 东蠡湖和美湖高锰酸盐指数逐月变化

图 5-11　2007 ～ 2010 年蠡湖高锰酸盐指数逐月变化
Fig. 5-11　The monthly change of COD$_{Mn}$ in Lihu Lake (2007–2010)

（2）总氮：4 年内监测到的总氮含量变化范围在 6.84 ~ 0.458mg/L，全湖月平均为 5.989 ~ 0.527mg/L（表 5-6）。在放流鲢、鳙之前的 2007 年，每月的总氮即使在最好的 9 月也为 V 类水质，全湖以总氮评论为劣 V 类水。

自放流鲢、鳙后，从 2008 年起总氮逐月下降，比上年减少 1/3，2009 年继续下降，在 9 月试捕、取出部分鲢、鳙后，10 月的总氮即下降为Ⅲ类水了，至 2010 年 7 月一直为Ⅲ类水范围内，到 8 月因持续高温使环境因子多有变动、总氮也略高于Ⅲ类水标准（图 5-12）。

表 5-6　2007 ~ 2010 年总氮含量逐月变化情况
Table 5-6　The monthly change of TN (2007-2010)

年份	总氮含量（mg/L）										平均
	1 月	3 月	4 月	5 月	6 月	7 月	8 月	9 月	10 月	12 月	
2007	3.745	5.813	5.989	5.705	4.559	6.167	4.666	2.299	4.566	—	4.834
2008	5.812	—	4.615	3.105	4.126	4.043	2.702	2.522	2.669	2.271	3.257
2009	—	0.878	0.935	1.445	1.436	1.103	1.091	1.306	1.001	—	1.149
2010	0.970	0.860	0.937	0.912	1.039	0.527	1.58	1.292	1.501	—	1.069

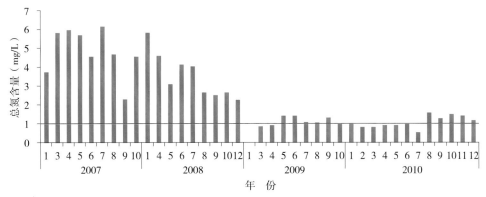

图 5-12　2007 ~ 2010 年总氮含量的逐月变化
Fig. 5-12　The monthly change of TN (2007-2010)

在 4 ~ 10 月同期，西蠡湖、东蠡湖和美湖各站点的总氮变动情况如图 5-13a 和 b。由图可见，西蠡湖 2007 年 4 月各站点总氮相差较大，最高值达 6.83mg/L，6 ~ 8 月全湖区较一致，为 5.89 ~ 6.42mg/L，9 月各站点差异较大，最低也超Ⅲ类水范围，10 月全湖又有所上升；放流鲢、鳙后的 2008 年，湖区总氮在逐月下降，6 ~ 8 月各站点的总氮差异较大，8 月后逐月下降，但全年还在 V 类水范围内；2009 年的 4 月前为Ⅲ类水，7 ~ 8 月及 10 月在Ⅳ类水，5 ~ 6 月仍是 V 类水标准，9 月受试捕影响，各站点总氮不一；2010年7月前在Ⅲ类水范围内，但8～10月还是略超标准。

东蠡湖总氮的差异与西蠡湖相似，2008年总氮最高值出现在1月，为7.46mg/L，平均也达6.6mg/L，为Ⅴ类水；2009年则基本上已为Ⅲ类水；到2010年则与西蠡湖一样，7月前在Ⅲ类水范围内，8～10月略超标。

美湖的总氮最高值出现在2007年7月，为6.69mg/L，并随时间推移而下降。

3个湖区的总氮变动基本比较一致。

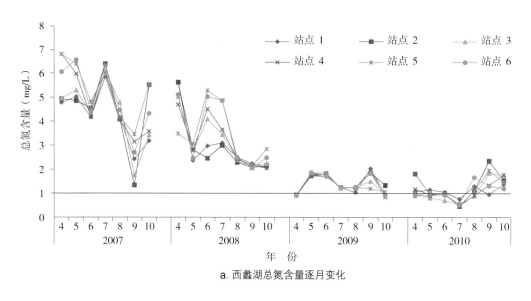

a. 西蠡湖总氮含量逐月变化

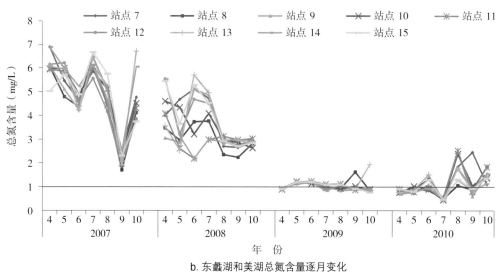

b. 东蠡湖和美湖总氮含量逐月变化

图5-13　2007～2010年蠡湖总氮含量逐月变化

Fig. 5-13　The monthly change of TN in Lihu Lake (2007-2010)

（3）氨氮：4 年内监测到的氨氮（NH_4^+-N）含量月变化范围为 $0.842 \sim 0.110mg/L$（表 5-7 与图 5-14）。其中，2009 年的年平均值最低，4 月、7 月、8 月、10 月均在 I 类水范围内。另外，每年的 7 月氨氮值都较低，为 I 类水。由于氨氮包括游离氨（NH_3-N）和离子氨（NH_4^+-N），渔业用水要求非离子氨 $\leqslant 0.02mg/L$，而大水体中两者的比例取决于 pH。当 pH 高时，游离氨偏多，反之，则离子氨偏多，但在一定值时则是平衡的。

表 5-7　2007 ~ 2010 年氨氮逐月变化情况
Table 5-7　The monthly change of NH_4^+-N (2007-2010)

年　份	氨氮含量（mg/L）							平均
	4 月	5 月	6 月	7 月	8 月	9 月	10 月	
2007	0.842	0.250	0.171	0.106	0.547	0.381	0.369	0.381
2008	0.283	0.460	0.396	0.121	0.236	0.296	0.262	0.293
2009	0.110	0.190	0.298	0.119	0.123	0.397	0.145	0.197
2010	0.257	0.181	0.314	0.120	0.186	0.408	0.324	0.256

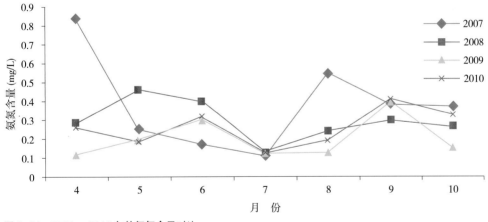

图 5-14 2007 ~ 2010 年的氨氮含量对比
Fig. 5-14　Comparison of NH_4^+-N (2007-2010)

（4）硝酸盐氮：4 年内 4 ~ 10 月的同期监测表明，硝酸盐氮（NO_3^--N）含量的月变化范围为 $0.806 \sim 0.009mg/L$（表 5-8 与图 5-15）。其中 2010 年的年平均值最低。

（5）亚硝酸盐氮：4 年内 4 ~ 10 月的同期监测表明，亚硝酸盐氮（NO_2^--N）含量的月变化范围为 $2.173 \sim 0.138mg/L$（表 5-9 与图 5-16）。其中，2010 年的年平均值最低。

表 5-8　2007～2010 年硝酸盐氮逐月变化情况
Table 5-8　The monthly change of NO$_3^-$-N (2007-2010)

年 份	硝酸盐氮含量（mg/L）							平均
	4 月	5 月	6 月	7 月	8 月	9 月	10 月	
2007	0.011	0.551	0.466	0.460	0.635	0.567	0.405	0.442
2008	0.806	0.609	0.553	0.473	0.476	0.501	0.407	0.546
2009	0.009	0.359	0.400	0.393	0.361	0.086	0.075	0.240
2010	0.063	0.073	0.035	0.032	0.016	0.109	0.120	0.064

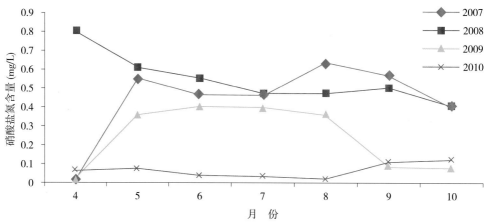

图 5-15　2007～2010 年硝酸盐氮含量对比
Fig. 5-15　Comparison of NO$_3$-N (2007-2010)

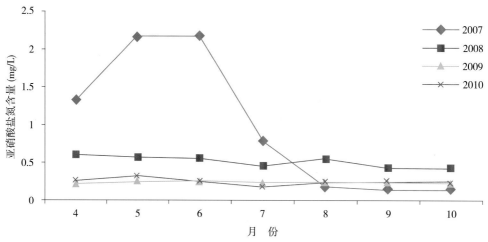

图 5-16　2007～2010 年亚硝酸盐氮含量对比
Fig. 5-16　Comparison of NO$_2$-N (2007-2010)

表 5-9　2007 ~ 2010 年亚硝酸盐氮逐月变化情况
Table 5-9　The monthly change of NO$_2$-N (2007-2010)

年　份	亚硝酸盐氮含量（mg/L）							平均
	4 月	5 月	6 月	7 月	8 月	9 月	10 月	
2007	1.314	2.154	2.173	0.777	0.183	0.138	0.145	0.983
2008	0.589	0.563	0.55	0.444	0.531	0.427	0.427	0.504
2009	0.215	0.245	0.247	0.231	0.237	0.221	0.231	0.232
2010	0.262	0.311	0.245	0.175	0.243	0.247	0.234	0.245

（6）总磷：4 年内监测到的总磷变化范围为 0.262 ~ 0.008mg/L，全湖月平均为 0.129 ~ 0.016mg/L（表 5-10 与图 5-17）。2007 年 7 月之前总磷为 0.012 ~ 0.031mg/L，在 Ⅱ ~ Ⅲ 类水内；8 ~ 9 月总磷上升，使之超 Ⅲ 类水。2008 年总磷为最高之年，除 4 ~ 5 月外，均超 Ⅳ 类水标准，9 月甚至超 Ⅴ 类水标准，全年平均为 0.129mg/L。自 2009 年起总磷含量逐月下降，尤其在 2009 年末大规模捕捞鲢、鳙之后，总磷年均为 0.089mg/L，到 2010 年下降为年均 0.013mg/L，达 Ⅰ ~ Ⅱ 类水。

表 5-10　2007 ~ 2010 年总磷逐月变化情况
Table 5-10　The monthly change of TP (2007-2010)

年份	总磷含量（mg/L）										平均	评价
	1 月	3 月	4 月	5 月	6 月	7 月	8 月	9 月	10 月	12 月		
2007	0.012	0.014	0.014	0.013	0.014	0.031	0.082	0.077	0.022		0.031	Ⅲ
2008	0.146		0.041	0.093	0.114	0.132	0.187	0.209	0.126	0.116	0.129	Ⅳ
2009		0.069	0.061	0.08	0.051	0.045	0.066	0.142	0.198		0.089	Ⅳ
2010	0.01	0.02	0.012	0.023	0.025	0.009	0.013	0.013	0.014	0.01	0.013	Ⅰ

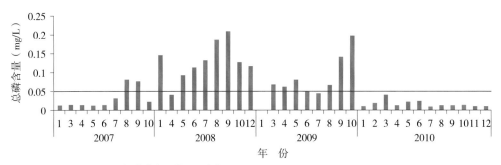

图 5-17　2007 ~ 2010 年总磷含量的逐月变化
Fig. 5-17　The monthly change of TP (2007-2010)

　　监测也表明，2007 ~ 2009 年东蠡湖、西蠡湖各站点的总磷虽有差异，但月变化近一致，直到 2010 年，各站点的总磷值几乎无差异（图 5-18a、b）。

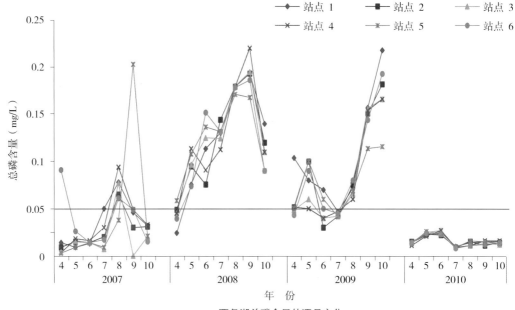

a. 西蠡湖总磷含量的逐月变化

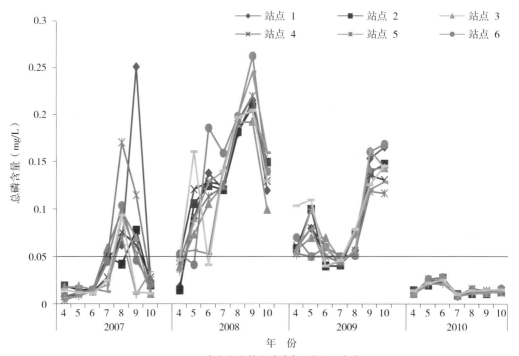

b. 东蠡湖和美湖总磷含量的逐月变化

图 5-18　2007 ~ 2010 年蠡湖总磷含量的逐月变化

Fig. 5-18　The monthly change of TP in Lihu Lake (2007–2010)

（7）磷酸盐：蠡湖的磷酸盐（PO$_4^{3-}$-P）含量不高，4 年内 4 ~ 10 月的同期监测表明磷酸盐的月变化范围为痕量至 0.07mg/L（表 5-11 与图 5-19）。

表 5-11　2007 ~ 2010 年磷酸盐逐月变化情况
Table 5-11　The monthly change of PO$_4^{3-}$-P (2007–2010)

年　份	磷酸盐含量（mg/L）							平均
	4 月	5 月	6 月	7 月	8 月	9 月	10 月	
2007	0.000 8	0.000 8	0.000 7	0.000 6	0.000 6	0.000 6	0.000 5	0.000 7
2008	0.000 7	0.000 7	痕量	痕量	痕量	痕量	痕量	0.000 2
2009	0.001 2	0.013 0	0.015 0	0.012 0	0.014 0	0.070 0	0.052 0	0.025 3
2010	0.005 0	0.006 5	0.005 7	0.004 0	0.005 0	0.004 0	0.004 0	0.004 9

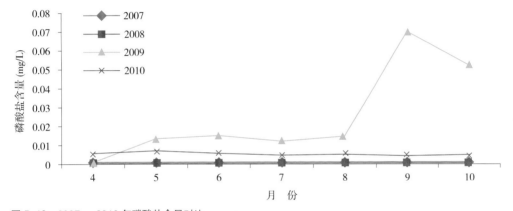

图 5-19　2007 ~ 2010 年磷酸盐含量对比
Fig. 5-19　Comparison of PO$_4^{3-}$-P (2007–2010)

5.2　实测叶绿素 a 变化

叶绿素 a 是表征水体中浮游植物现存量的重要指标之一，可以较直接反映湖泊富营养化水平的高低。

4 年内监测到的叶绿素 a 变化范围为 47.37 ~ 0.094 μg/L，全湖月平均为 8.992 ~ 18.642 μg/L（表 5-12 与图 5-20）。实测表明，除 2010 年外，2007 ~ 2009 年随温度升高而叶绿素 a 含量增加，到 10 月才回落；放流鲢、鳙后的 2008 ~ 2010 年则全湖的叶绿素 a 含量均在 7 月呈较低。一般认为，叶绿素 a 含量与浮游植物总生物量有着极为显著的正相关关系，而浮游植物总生物量又受水温、光照、氮、磷以及浮游植物种类组成等因素的影响。2010 年，叶绿素 a 的含量并没有随着氮、磷的降低而降低，仍表现为随着温度的升高而增加的趋势。这充分说明，蠡湖水体中氮、磷含量并不是影响浮游植物生长、繁殖的限制因子，而温度则可能是影响浮游植物总生物量增减的主要因素。

表 5-12　2007 ～ 2010 年叶绿素 a 逐月变化情况

Table 5-12　The monthly change of Chl.a (2007-2010)

年份	叶绿素 a（μg/L）										平均
	1 月	3 月	4 月	5 月	6 月	7 月	8 月	9 月	10 月	12 月	
2007	0.865	4.950	3.082	4.209	9.810	12.635	11.969	20.313	4.967		8.992
2008	6.680		3.877	8.131	11.808	6.039	9.807	13.410	11.027	10.643	9.047
2009		3.228	9.270	9.242	8.715	4.419	10.153	18.207	19.542		10.347
2010			19.912	19.357	15.457	9.269	32.578	21.413	12.506		18.642

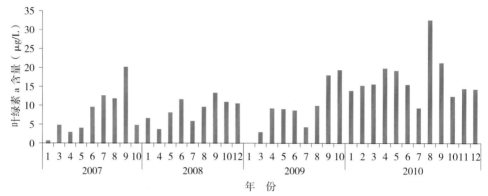

图 5-20　2007 ～ 2010 年叶绿素 a 含量逐月变化

Fig. 5-20　The monthly change of Chl.a (2007-2010)

实测各湖区的叶绿素 a 含量差异较大（图 5-21a、b），基本上东蠡湖叶绿素 a 含量高于西蠡湖；其次，放流鲢、鳙后，由于鲢、鳙的活动，湖区的叶绿素分布比较均匀。值得注意的是，2008 年后每年的 7 月各监测站点的叶绿素 a 含量均为最低值。

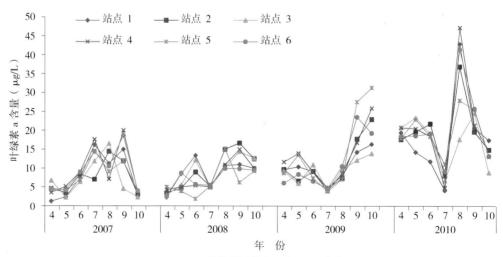

a. 西蠡湖叶绿素 a 含量逐月变化

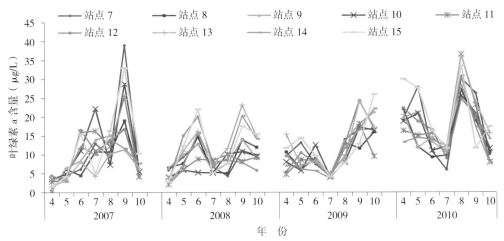

b. 东蠡湖和美湖叶绿素 a 含量逐月变化

图 5-21 2007 ~ 2010 年蠡湖叶绿素 a 含量逐月变化

Fig. 5-21 The monthly change of Chl.a in Lihu Lake (2007–2010)

5.3 实测营养状态变化

5.3.1 综合营养状态指数

对 2007 ~ 2010 年 4 ~ 10 月的监测值，选择总磷、总氮、叶绿素 a、透明度和高锰酸盐指数 5 项主要污染指标，采用综合营养状态指数法 TLI（Σ）值对水体的营养状态进行评价。

从计算出的 2007 ~ 2010 年蠡湖综合营养状态指数（表 5-13）来看，自 2007 年起呈现逐渐下降的变化趋势，总体上是每年低温季节水质处于轻度富营养状态，高温季节水质处于中度富营养状态。

表 5-13 2007 ~ 2010 年蠡湖综合营养状态指数

Table 5-13 The comprehensive nutrition state index in Lihu Lake (2007–2010)

年份	测定值（年均值）					综合营养状态指数	
	叶绿素 a（μg/L）	总磷（mg/L）	总氮（mg/L）	透明度（cm）	高锰酸盐指数（mg/L）	TLI（Σ）计算值	营养状态分级
2007	8.992	0.03	4.834	41.03	6.653	62.327	（中度）富营养
2008	9.047	0.129	3.257	27.74	7.711	66.003	（中度）富营养
2009	10.347	0.089	1.149	28.15	6.17	63.906	（中度）富营养
2010	17.045	0.013	1.094	25.8	5.071	58.198	（轻度）富营养
单项评价	中	中	中-富	富	中-富		

5.3.2　用"营养状态指数 – 综合指数法"（TSI-CI）评价 2010 年的蠡湖营养状态

（1）营养状态指数：在 2010 年 1 ~ 12 月蠡湖水质监测值中，选取叶绿素 a、透明度、总磷和总氮 4 个富营养化指标监测值（表 5-14），采用相关加权营养状况指数的评价体系，可以很好地反映湖泊的富营养化现状。2010 年蠡湖水域上述 4 个富营养化指标营养状态指数（表 5-15）的综合营养指数逐月变化见图 5-22。由图看出，

表 5-14　2010 年几个富营养化指标监测值
Table 5-14　The monitoring values of some eutrophication indexes in 2010

月　份	透明度（cm）	总氮（mg/L）	总磷（mg/L）	叶绿素 a（mg/m³）
1	0.26 ± 0.02	0.97 ± 0.03	0.01 ± 0.002	14.03 ± 2.86
2	0.26 ± 0.02	0.87 ± 0.08	0.02 ± 0.001	15.36 ± 2.02
3	0.27 ± 0.02	0.86 ± 0.09	0.01 ± 0.001	15.77 ± 2.12
4	0.26 ± 0.03	0.94 ± 0.28	0.01 ± 0.002	19.91 ± 3.63
5	0.34 ± 0.05	0.91 ± 0.11	0.02 ± 0.002	19.36 ± 5.04
6	0.30 ± 0.02	1.04 ± 0.21	0.03 ± 0.002	15.46 ± 3.63
7	0.29 ± 0.03	0.53 ± 0.08	0.01 ± 0.001	9.27 ± 2.71
8	0.21 ± 0.02	1.58 ± 0.57	0.01 ± 0.002	32.58 ± 7.85
9	0.21 ± 0.02	1.29 ± 0.59	0.01 ± 0.002	21.41 ± 3.80
10	0.21 ± 0.02	1.50 ± 0.24	0.01 ± 0.001	12.51 ± 3.35
11	0.23 ± 0.02	1.43 ± 0.20	0.01 ± 0.002	14.53 ± 2.48
12	0.25 ± 0.02	1.21 ± 0.23	0.01 ± 0.002	14.35 ± 3.10

表 5-15　2010 年几个富营养状态指数计算值
Table 5-15　The calculated values of some eutrophication indexes in 2010

指　标	1 月	2 月	3 月	4 月	5 月	6 月
TSI（SD）	79.412 7	79.298 6	78.692 9	79.809 2	73.814 1	76.988 2
TSI（TN）	53.953 4	51.852 3	51.739 8	53.319 1	52.824 3	55.240 9
TSI（TP）	23.954	26.160 1	25.399 3	23.155 9	33.195 3	34.541 8
TSI（Chl.a）	52.528 5	53.472 6	53.745 4	56.176 6	55.882 2	53.536 8

指　标	7 月	8 月	9 月	10 月	11 月	12 月
TSI（SD）	77.242 9	84.088 2	83.888 8	83.756 9	82.641 3	80.596 2
TSI（TN）	42.699 5	62.981 9	59.261 5	62.038 3	61.127 9	58.114 3
TSI（TP）	17.984 5	23.836 2	24.084 1	24.806	21.818 5	22.538 6
TSI（Chl.a）	48.207 6	61.307 7	56.934 2	51.329	52.891 3	52.761 9

综合营养状态指数在 48.99 ～ 62.91，总体上处于中营养状态。通常在 7 ～ 8 月湖泊水华容易暴发，即在 7 月会有相对较高的综合营养指数。但蠡湖因 7 月采样时天气为阴雨，水温比同期低，且开闸灌入太湖水，这 2 个因素使 7 月的 TSI（Chl.a）最低，为 48.207 6，比全年平均值低 10.83%；同时 TSI（TN）和 TSI（TP）也都比较低，分别为 42.699 5 和 17.984 5，比各自全年平均值分别低 22.97% 和 28.41%，从而形成了 7 月的综合营养指数（TSI）最低。8 月和 9 月是这一年中综合营养指数（TSI）最高的时候。

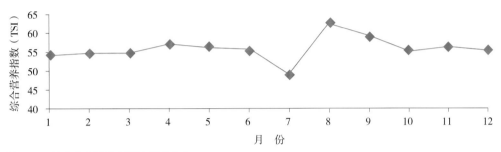

图 5-22　综合营养指数（TSI）逐月变化
Fig. 5-22　The monthly change of comprehensive nutrition index（TSI）

（2）综合指数：根据修正的相关加权综合营养状态指数计算方法，选择叶绿素 a（Chl.a）为基准参数，计算其他参数与叶绿素 a 之间的相关系数，并进一步计算权重（表 5-16）。计算综合指数（CI），得到 2010 年蠡湖生态系统综合指数（CI）值（表 5-17），其逐月变化情况如图 5-23。由图可见，全年中 7 月状况最好，8 月和 9 月状况最差。结果表明，2010 年蠡湖生态系统处于中营养状态。

表 5-16　相关系数及权重
Tab. 5-16　Correlation coefficient and weight

	Chl.a	SD	TP	TN	BA	BZ	Ex	Exst
r_{ij}	1	-0.307	0.103	0.496	0.760	0.464	0.493	-0.271
w_i	0.466	0.025	0.102	0.188	3.73E-05	0.105	0.113	9.33E-07

表 5-17　2010 年蠡湖生态系统综合指数（CI）值
Table 5-17　Composite index（CI）value of ecological system in Lihu Lake in 2010

1月	2月	3月	4月	5月	6月	7月	8月	9月	10月	11月	12月
0.388	0.349	0.409	0.444	0.370	0.489	0.816	0.198	0.224	0.361	0.314	0.334

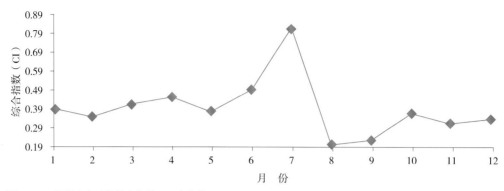

图 5-23　蠡湖生态系统综合指数逐月变化情况

Fig. 5-23　The monthly change of composite index（CI）of ecological system in Lihu Lake

5.4　净水渔业技术的净水作用分析

5.4.1　放流鱼种大小是关键

（1）放流夏花鱼种增加水中氮、磷，且成活率低。2007 年 6 月放流了鲢为主的夏花鱼种，监测表明，当年 7 月的总氮达 6.17mg/L，比不放流的 6 月（4.56mg/L）增加了 26%；总磷则 7 月（0.031mg/L）比 6 月（0.014mg/L）增加了 55%；持续监测表明，8 月以后总氮有所恢复，但总磷持续增加。另外，2010 年 7 月也放流了鲢、鳙夏花鱼种，监测表明，当年 8 月的总氮上升到 1.58mg/L，比 7 月（0.527mg/L）增加了 66.7%；总磷则 8 月（0.013mg/L）比 7 月（0.009mg/L）增加了 30.8%。以上试验证实了小型个体鱼的粪便中氮含量较低，而磷含量较高，鲢的排粪量多于鳙的排粪量（邹清等，2002）。同时观察到，放流夏花鱼种被成群的青梢红鲌（蠡湖鱼类优势种群，数量占 25.5%）摄食，估计成活率较低。

（2）放流大规格鱼种粪便中氮含量较低，且成活率高。从排泄物来看，小型个体对所摄取食物的氮的吸收和转化率高于大型个体，对磷的吸收和转化率则正好相反，因而提出若要尽快降低磷的含量，应以养殖大个体鱼为主。但是，对于已清淤除磷后的蠡湖，湖水中总氮一直居高不下，从鲢、鳙鱼体的氮、磷含量与体重的关联方程可知随着鳙的生长，鱼体内氮、磷含量呈增加趋势，考虑到随着鲢、鳙个体体重的增加，其摄食量增加，消化速度加快，通过鱼体积贮从水体中移出氮、磷能力会增强，因此也要以养殖大个体鱼种较好。监测证明，2007 年 12 月放流 200 ~ 700g/ 尾的大规格鱼种后，以 2008 年 1 月的总氮（5.812mg/L）、总磷（0.146mg/L）监测值为基数，在放流后到首次起捕前（2009 年 9 月），蠡湖湖水总氮月趋下降，总磷则在 2008 年略有增加后也持续下降，表明大个体鲢、鳙才真正对降氮、磷起到作用（图 5-24）。

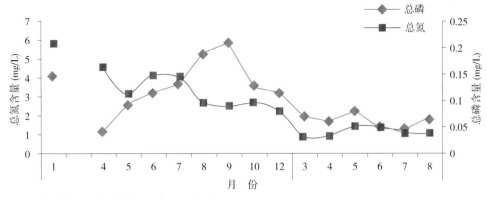

图 5-24　放流大规格鲢、鳙鱼种后湖中氮、磷降解情况

Fig. 5-24　Degradation of nitrogen and phosphorus after releasing large size of silver carp and bighead carp

监测显示，2007 年 12 月放流的鲢、鳙规格为 200 ~ 700g/ 尾的鱼种，免遭了小型凶猛鱼类吞食，成活率高。由 2010 年放流的标志鱼回捕表明，放流平均 300g 左右的鲢、鳙鱼种，300 天左右的增重率为 262% ~ 352%，生长较快。因此，放流大规格鱼种以 2 龄鱼种为好。

5.4.2　回捕鲢、鳙以 4 龄及以上成鱼为好

蠡湖放流后实施了禁捕 2 年。2009 年 9 月回捕测试表明：60% 以上的鲢、鳙年龄为 4 ~ 5 龄，鳙体重 8 000 ~ 14 000g，鲢体重 4 500 ~ 7 000g。同步的水质持续监测（图 5-24）表明：2010 年比放流前的 2007 年总氮下降了 77%，总磷下降了 48%，达到了净水的目的。

（1）从鱼体积贮氮、磷量考虑，应捕大个体鲢、鳙。分析认为，自 2007 年放流鲢、鳙后，由于鲢、鳙排泄物中的氮、磷对水环境有一定的影响，2008 年因鱼群活动而使各站点总氮出现较大差异（图 5-13a、b），但随时间推移，因鲢、鳙体内的固氮、磷作用，从 2009 年起总氮明显降为 0.8 ~ 1.4mg/L，年平均为 1.149mg/L，当年湖区多数鲢、鳙已为 4 龄以上，在年末捕捞移出鱼类后，2010 年水中总氮浓度继续下降到低于 1mg/L。但同时，此阶段鲢、鳙群体大，其氮、磷排泄量（绝对值）会随着鱼体增重而上升（陈少莲等，1991），故 8 月后总氮又略超 1mg/L，12 月捕捞前总氮浓度为 1.21mg/L。捕捞结束后的 2011 年，蠡湖总氮年均为 1.08mg/L（据无锡市环境监测中心站监测），也证实应回捕 4 龄以上的鲢、鳙。

（2）放流鲢、鳙鱼种呈先降氮后降磷，要适时捕大个体鲢、鳙。依据鲢、鳙大型个体对所摄取食物的磷吸收和转化率高于小型个体的试验，在放流鲢、鳙的初期因鱼种中粪便含氮量较低、含磷量较高而使水中总磷有所增加，2008 年总磷呈上升

趋势，但随着鲢、鳙摄食过程加速了水体氮、磷释放进程和其代谢强度、活动性、体重和环境因子（主要是水温及溶解氧）影响，2009 年因鲢、鳙个体与群体的增大，对磷的转化力增加，总磷呈逐月下降，年末大规模捕捞取出鲢、鳙后，使 2010 年全年总磷浓度降为 0.01 ～ 0.025mg/L，处于 Ⅱ 类水范围内。2010 年底捕捞后，2011 年总磷年均为 0.06 mg/L（据无锡市环境监测中心站监测）。

5.4.3　放流鲢、鳙改变了湖泊营养状态

2007 年放流鲢、鳙初期，尚未起到净水作用时，其综合营养状态指数平均值为 62.33，处于中度富营养状态。对比放流后的变化趋势，2008 年为 66.0，稍有上升；2009 年下降为 63.9（此时尚未回捕放流鱼）；回捕放流鱼后的 2010 年，其综合营养状态指数平均值下降到 58.2，蠡湖进入中营养状态。

用"营养状态指数—综合指数法"（TSI-CI）对 2010 年的蠡湖营养状态作出的评价是：全年综合营养指数（TSI）在 48.99 ～ 62.91，总体上处于中营养状态；综合指数（CI）除 7 月、8 月和 9 月 3 个月外，综合营养指数（TSI）和综合指数（CI）呈现"胶着"状态，对应了蠡湖的中营养状态，这也说明放流鲢、鳙对蠡湖水质产生了净化作用。

5.4.4　叶绿素 a 浓度与放流无关，与水体的氮、磷浓度相关

从 2007 ～ 2010 年对叶绿素 a 浓度的监测情况看，叶绿素 a 在后两年增加较多（图 5-25）。为此，采用监测数据，运用回归统计方法分析放流鲢、鳙后蠡湖叶绿素 a 浓度变化特征及其与总氮、总磷、总氮／总磷的相关关系，建立相应的回归方程（表 5-18），结果如下。

① 2007 ～ 2008 年总氮浓度很高，叶绿素 a 与总氮呈负相关性，2009 年后才转为有些许正相关，表明氮不是主要影响因子。

② 2007 年全年叶绿素 a 浓度与总磷呈线性、对数正相关，2008 年无明显相关，而 2009 年呈显著正相关，至 2010 年线性相关性 $R^2 = 1$、对数相关性 $R^2 = 0.891$，表明磷为叶绿素 a 的主要限制因子。

③ 监测显示，蠡湖在实施净水渔业技术后，2007 ～ 2010 年的 TN/TP 分别为 268.1、35.5、16.2 和 78，由此对叶绿素 a 浓度与 TN/TP 的相关性分析表明，在 2007 ～ 2009 年均呈负相关，而在 2010 年则无明显的相关性。

由此可见，放流鲢、鳙与叶绿素 a 增加并无直接关联。

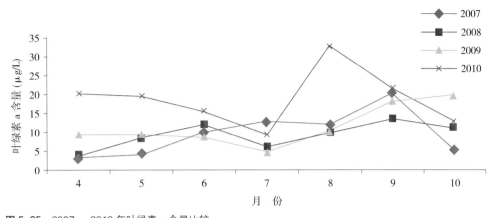

图 5-25 2007 ~ 2010 年叶绿素 a 含量比较

Fig. 5-25 Comparison of Chl.a (2007–2010)

表 5-18 2007 ~ 2010 年叶绿素 a 浓度与总氮、总磷、总氮／总磷的相关拟合方程

Table 5-18 Correlation fitting equation between Chl. a and TN and TP and TN/TP

名　称	2007 年	2008 年	2009 年	2010 年
叶绿素 a 与总氮	$y=-3.299x+25.57$ $R^2=0.512$ $y=-13.7\ln x30.63$ $R^2=0.575$	$y=-2.734x+18.44$ $R^2=0.474$ $y=-9.38\ln x+20.38$ $R^2=0.473$	$y=-2.670x-14.53$ $R^2=0.010$ $y=3.03\ln x+11.84$ $R^2=0.009$	$y=12.16x+5.110$ $R^2=0.357$ $y=12.20\ln x+8.01$ $R^2=0.371$
叶绿素 a 与总磷	$y=158.1x+3.879$ $R^2=0.609$ $y=6.171\ln x+31.83$ $R^2=0.645$	$y=4.444\,1x+8.537$ $R^2=0.003$ $y=1.574\ln x+12.31$ $R^2=0.017$	$y=90.99x+3.005$ $R^2=0.896$ $y=9.654\ln x+35.76$ $R^2=0.932$	$y=x$ $R^2=1$ $y=0.016\ln x+0.084$ $R^2=0.981$
叶绿素 a 与总氮／总磷	$y=-0.030x+16.88$ $R^2=0.673$ $y=-5.05\ln(x)+35.56$ $R^2=0.741$	$y=-0.073x+11.90$ $R^2=0.576$ $y=-3.57\ln x+21.13$ $R^2=0.615$	$y=-0.595x+21.30$ $R^2=767$ $y=-8.50\ln x+34.22$ $R^2=0.848$	$y=0.118x+9.382$ $R^2=0.264$ $y=7\,326\ln x-12.66$ $R^2=0.196$

第 6 章

净水渔业技术对蠡湖
水生生物群落的优化调控

浮游植物是水生态系统的初级生产者，是整个水生态系统物质循环和能量流动的基础，对水体营养状态变化能迅速做出响应。其次，浮游植物群落结构与其生长水域水质状况密切相关，在不同营养状态的水体中分布着不同群落结构的浮游植物，所以浮游植物的群落结构能够综合、真实地反映出水体的生态条件和营养状况，故利用浮游植物评价和监测水质的研究正逐步开展。

为降蠡湖水中氮、磷，实施了净水渔业技术。试验期间，监测了滤食性鱼类摄食过程中浮游生物群落结构特征及其多样性变化，特别是藻类中的蓝藻群体的变化。显示了滤食性鱼类调控湖区浮游生物种群组成性能，使之群落结构趋于稳定；特别是滤食性鱼类对蓝藻的摄食所引起的变动的探索，揭示了在生态修复中，应放流大规格鲢、鳙鱼种和捕大留小，在湖区保留有一定数量的高龄鱼群体才好。

6.1　浮游植物群落结构特征及其变动动态

6.1.1　种类组成与种数变化

2007～2010年共检测到藻类8门、164种（包括变种和变型），名录见附表一。监测到绿藻种类最多，有73种，每年均占46%以上；其次硅藻为33种，除2008年外，一般占20%左右；再次蓝藻为22种，占15%左右；裸藻虽有22种，但年间变化很大，详见表6-1和图6-1。

图6-1显示了2007～2010年主要种类数的变动情况。由图可以看出，在2007年6月未放流鲢、鳙之前，绿藻、硅藻种类均较多，2008年由于是放流初期，小型藻类被大量摄食（尤硅藻）而迅速减少，但随鱼体的长大又很快得以恢复；蓝藻始终在夏季种类居多；裸藻则仍为夏初和秋末种类较多。

表 6-1　2007～2010 年浮游植物种类组成
Table 6-1　Species composition of phytoplankton (2007–2010)

年　份	总　数	绿　藻　门		蓝　藻　门		硅　藻　门		隐　藻　门	
		种数	占总数百分比（%）	种数	占总数百分比（%）	种数	占总数百分比（%）	种数	占总数百分比（%）
2007	124	58	46.8	18	14.5	24	19.4	5	4.0
2008	66	34	51.5	9	13.6	9	13.6	2	3.0
2009	72	34	47.4	12	15.8	14	19.3	5	8.8
2010	57	27	46.6	9	15.5	11	20.7	3	5.2
总出现的种数		73		22		33		8	

年　份	总　数	裸　藻　门		甲　藻　门		黄　藻　门		金　藻　门	
		种数	占总数百分比（%）	种数	占总数百分比（%）	种数	占总数百分比（%）	种数	占总数百分比（%）
2007	124	14	11.3	2	1.6	2	1.6	1	0.8
2008	66	10	15.2	1	1.5	1	1.5	0	
2009	72	4	5.6	1	1.4	1	1.4	0	
2010	57	5	8.8	1	1.8	1	1.8	0	
总出现的种数		22		2		2		1	

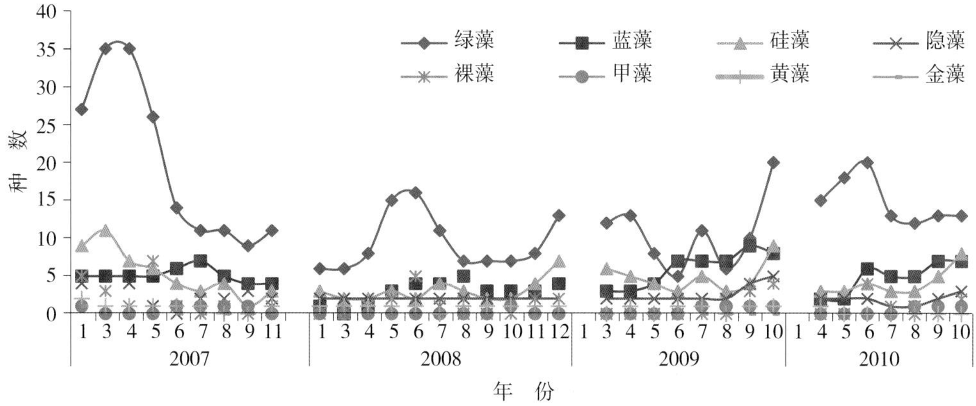

图 6-1　2007～2010 年主要种类的逐月变化
Fig. 6-1　The monthly change of main species (2007–2010)

6.1.2　优势种变动

以优势度指数 Y > 0.02 定位藻类的优势种见表 6-2。4 年内均以绿藻门、蓝藻门、隐藻门的某些种类为全年的优势种，但每年都有变动，具体如下。

（1）2007 年 9 次采样共发现优势种 4 门、14 种。冬春季节主要优势种演替明显，春末至秋季演替不明显。5～9 月基本上均以小球藻、微囊藻和颤藻为主要优势种。

（2）2008年11次采样共发现优势种5门、17种。其中，绿藻门在8 ~ 10月无优势种出现；蓝藻门的微囊藻、颤藻除冬季外都是优势种，尖尾蓝隐藻除7 ~ 9月外都为优势种。值得注意的是，5 ~ 6月出现黄藻门的钝角绿藻为优势种，优势度指数分别为0.03和0.24（表6-2未列出）。

（3）2009年8次采样共发现优势种4门、17种。其中，绿藻门在7 ~ 8月无优势种出现；蓝藻门除微囊藻、颤藻外，又增鱼腥藻、平裂藻、色球藻和小席藻等8种成夏季优势种，其中微囊藻自4 ~ 10月均为优势种，尖尾蓝隐藻除7 ~ 9月外都为优势种（与2008年相同）。

（4）2010年7次采样共发现优势种4门、20种。其中，绿藻门在6 ~ 10月无优势种出现；蓝藻门的优势种出现7种，出现时间与2009年相同，尖尾蓝隐藻则在7月后不成为优势种了。

表6-2 2007 ~ 2010年浮游植物优势种组成

Table 6-2 Composition of Dominant Phytoplankton species (2007–2010)

年份	月份	绿 藻 门	蓝 藻 门	硅 藻 门	隐 藻 门
2007		小球衣藻（0.78），小球藻（0.10）			
	1	小平衣藻（0.46），小球藻（0.30），卵形衣藻（0.03），针形纤维藻（0.02）			尖尾蓝隐藻（0.09）
	4	小球藻（0.34），对对栅藻（0.04），湖沼圆筛藻（0.03）			尖尾蓝隐藻（0.43）
	5	小球藻（0.47），硬弓藻（0.06），针形纤维藻（0.06）	铜绿微囊藻（0.12）		尖尾蓝隐藻（0.12）
	6	小球藻（0.59）	铜绿微囊藻（0.09），两栖颤藻（0.26）		
	7	小球藻（0.58）	铜绿微囊藻（0.35），污泥颤藻（0.03）		
	8	针形纤维藻（0.02）	铜绿微囊藻（0.39），美丽颤藻（0.04），污泥颤藻（0.04）		尖尾蓝隐藻（0.04）
	9	小球藻（0.53）	铜绿微囊藻（0.18），污泥颤藻（0.10）		尖尾蓝隐藻（0.10）
	11	小球藻（0.74），针形纤维藻（0.06）		短小舟行藻（0.04）	尖尾蓝隐藻（0.07）
小计		7种	5种	2种	1种

（续表）

年份	月份	绿 藻 门	蓝 藻 门	硅 藻 门	隐 藻 门
	1	小球藻（0.25），小型平藻（0.28）小球衣藻（0.04）			尖尾蓝隐藻（0.42）
	2	小球藻（0.30），小型平藻（0.26）			尖尾蓝隐藻（0.40）
	3	小球藻（0.43），小型平藻（0.30）			尖尾蓝隐藻（0.20）
	4	小球藻（0.44），小型平藻（0.38），斯诺衣藻（0.02），四尾栅藻（0.02）	铜绿微囊藻（0.84）		尖尾蓝隐藻（0.09）
	5*		铜绿微囊藻（0.85）		尖尾蓝隐藻（0.06）
	6*	四尾栅藻（0.04），斯诺衣藻（0.03）	铜绿微囊藻（0.74）	尖针杆藻（0.02）	尖尾蓝隐藻（0.07）
2008	7	四尾栅藻（0.03）	铜绿微囊藻（0.70），污泥颤藻（0.04）	意大利直链藻（0.03）	
	8		铜绿微囊藻（0.35），美丽颤藻（0.12），巨颤藻（0.40），污泥颤藻（0.05），		
	9		铜绿微囊藻（0.02），美丽颤藻（0.26），巨颤藻（0.68）		
	10		铜绿微囊藻（0.09），美丽颤藻（0.17），巨颤藻（0.67）		尖尾蓝隐藻（0.02）
	11	小球藻（0.25），针形纤维藻（0.02）	铜绿微囊藻（0.15），微小平裂藻（0.15）	尖针杆藻（0.03），短小舟行藻（0.05）	尖尾蓝隐藻（0.17）
	12	小球藻（0.45），小球衣藻（0.02），卵形衣藻（0.25）	微小平裂藻（0.02）		尖尾蓝隐藻（0.04）
小计		7 种	5 种	3 种	1 种
	3	小球藻（0.74），小型平藻（0.22）			尖尾蓝隐藻（0.02）
2009	4	小球藻（0.55），小型平藻（0.16），细丝藻（0.08）	铜绿微囊藻（0.06），小席藻（0.04）		尖尾蓝隐藻（0.04）
	5	小球藻（0.15），四尾栅藻（0.10）	铜绿微囊藻（0.57）	尖针杆藻（0.02）	尖尾蓝隐藻（0.10）

（续表）

年份	月份	绿 藻 门	蓝 藻 门	硅 藻 门	隐 藻 门
2009	6	四尾栅藻（0.02）	铜绿微囊藻（0.47），污泥颤藻（0.12），美丽颤藻（0.04），两栖颤藻（0.22）		尖尾蓝隐藻（0.03）
	7		铜绿微囊藻（0.34），污泥颤藻（0.17），美丽颤藻（0.06），两栖颤藻（0.29），鱼腥藻（0.06）		
	8		铜绿微囊藻（0.46），污泥颤藻（0.11），鱼腥藻（0.21），微小平裂藻（0.08）		
	9	衣藻（0.04），针形纤维藻（0.03）	铜绿微囊藻（0.17），污泥颤藻（0.10），鱼腥藻（0.04），微小平裂藻（0.16）		
	10	衣藻（0.10），针形纤维藻（0.04）	铜绿微囊藻（0.11），污泥颤藻（0.13），巨颤藻（0.23），鱼腥藻（0.10），微小平裂藻（0.05），微小色球藻（0.04）	短线脆杆藻（0.03）	尖尾蓝隐藻（0.03）
小计		5 种	8 种	2 种	2 种
2010	4	小球藻（0.03），针形纤维藻（0.03），镰状纤维藻奇异变种（0.12），短刺四星藻（0.02）	铜绿微囊藻（0.37）	小环藻（0.12）	尖尾蓝隐藻（0.11），卵形隐藻（0.04）
	5	小球藻（0.06），衣藻（0.17），镰状纤维藻奇异变种（0.07），湖生卵囊藻（0.06），四尾栅藻（0.06）	铜绿微囊藻（0.34）		尖尾蓝隐藻（0.06），卵形隐藻（0.04）
	6		铜绿微囊藻（0.10），美丽颤藻（0.34），两栖颤藻（0.17），鱼腥藻（0.15），小席藻（0.02）	脆杆藻（0.06）	尖尾蓝隐藻（0.03）
	7		铜绿微囊藻（0.22），污泥颤藻（0.31），美丽颤藻（0.07），巨颤藻（0.27），鱼腥藻（0.12）		

（续表）

年份	月份	绿藻门	蓝藻门	硅藻门	隐藻门
2010	8		铜绿微囊藻（0.69），污泥颤藻（0.15），巨颤藻（0.12），鱼腥藻（0.02）		
	9		铜绿微囊藻（0.18），污泥颤藻（0.32）、巨颤藻（0.27）、两栖颤藻（0.07）、美丽颤藻（0.05），鱼腥藻（0.04）		
	10		铜绿微囊藻（0.11），污泥颤藻（0.016），两栖颤藻（0.11），美丽颤藻（0.05），巨颤藻（0.39），微小平裂藻（0.04），鱼腥藻（0.02）	直链藻（0.03），螺旋颗粒直链藻（0.03）	
小计		7 种	7 种	4 种	2 种

注：括号内为优势度指数。*2008 年 5 月和 6 月，黄藻门的钝角绿藻为优势种类，优势度指数分别为 0.03 和 0.24。

4 年内蠡湖各个月份的浮游植物优势种都在 2 种以上，优势种种数较多且优势度不高，表明蠡湖浮游植物群落结构比较复杂，不同月份间的浮游植物优势种既有交叉又有演替（图 6-2）。

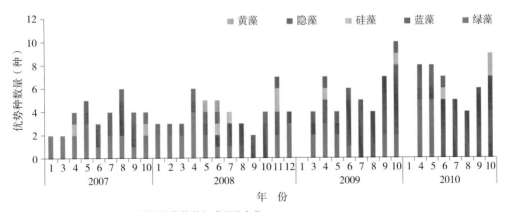

图 6-2　2007 ~ 2010 年浮游植物优势种组成逐月变化

Fig. 6-2　The monthly change of dominant phytoplankton species (2007–2010)

6.1.3　数量及生物量

2007 ~ 2010 年浮游植物的数量和生物量见表 6-3 和图 6-3。

（1）浮游植物的生物量自放流鲢、鳙后变动在 0.39 ~ 3.634mg/L 内，表明鲢、鳙的饵料丰富，如 2009 年 9 月，推算湖中有 300 多吨 3 龄以上鲢、鳙存在时，浮游植物的生物量仍有 0.39mg/L。

（2）一般情况下，生物量的峰值与数量的峰值相对应，但 2008 年数量峰值在 9 月，而生物量峰值在 5 月，这主要是由于各监测时间下的浮游植物细胞数量和生物量中占主导地位的种类组成存在差异，也因生物量高低除与细胞数量有关外，还与细胞个体质量密切相关，相对于 9 月而言，5 月监测中出现的大型种类较多，如梨形扁裸藻和卵形隐藻。

（3）浮游植物的数量与生物量变动基本一致（除个别月），即数量随温度上升增多，生物量也增加，但因种类和个体大小的差异而不一，其中尤以蓝藻种类影响较大。如 4 年中藻类数量峰值在 2010 年 8 月，达 8 727.3 × 10⁴ind/L，其生物量为 3.634mg/L，与 2007 年 7 月的浮游植物生物量 3.491mg/L 相近，但其数量为 5 581.9 × 10⁴ind/L，是因这两个高峰月的种类组成差异很大。

（4）2008 年因放流鲢、鳙后引起浮游植物种类的一些变动，特别是 8 ~ 9 月的蓝藻种类变动，微囊藻大量减少、其他蓝藻种类增多，使之出现数量多而生物量低

表 6-3　2007 ~ 2010 年浮游植物的数量和生物量组成

Table 6-3　Composition of phytoplankton abundance and biomass (2007–2010)

月份	数量（10⁴ind/L）				生物量（mg/L）			
	2007 年	2008 年	2009 年	2010 年	2007 年	2008 年	2009 年	2010 年
1	386.2	2 877.9			1.346	1.505		
3	1 856.9	1 175.3	2 847.8		1.584	0.745	1.71	
4	733.4	1 211.7	2 570.9	206.7	1.309	0.782	1.86	0.411
5	879.7	2 273.8	1 103.9	382.6	1.014	1.649	1.25	0.483
6	2 288.0	1 106.7	1 463.2	680.5	2.671	0.994	0.78	0.429
7	5 581.9	1 342.9	3 386.4	3221.0	3.491	1.141	2.06	1.038
8	915.8	2 423.7	898.8	8 727.3	1.507	0.912	1.68	3.634
9	655.2	3 070.0	668.1	4 341.2	1.655	0.991	0.39	1.250
10		1 170.6	859.2	2 234.8		0.735	0.64	0.970
11	575.7	320.4			0.541	0.627		
12		1 608.4				1.470		

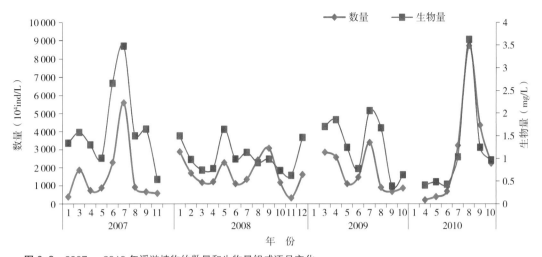

图 6-3　2007 ～ 2010 年浮游植物的数量和生物量组成逐月变化

Fig. 6-3　The monthly changes of phytoplankton abundance and biomass (2007–2010)

的现象；2010 年的 7 ～ 8 月也出现类似现象，9 月则因蓝藻减少、其他藻类数量大增，从而出现浮游植物总数量多而生物量低的现象。

6.1.4　群落年间相似性

蠡湖 2007 ～ 2010 年 4 ～ 10 月的浮游植物各年相似性指数见表 6-4。依据相似性指数分析，2007 年仅 7 月与 8 月、7 月与 9 月、8 月与 9 月为中度相似；2008 年则 8 月与 9 月为中度相似，9 月与 10 月为极相似；2009 年 6 月与 7 月、7 月与 8 月、8 月与 9 月为中度相似，6 月与 8 月为极相似，9 月与 10 月为轻度相似；2009 年 4 月与 5 月、4 月与 6 月、5 月与 6 月、8 月与 10 月均为中度相似，8 月与 9 月、9 月与 10 月为极相似。

表 6-4　2007 ～ 2010 年浮游植物种类相似性指数

Table 6-4　Similarity index of phytoplankton (2007–2010)

		4 月	5 月	6 月	7 月	8 月	9 月	10 月
	4 月	1	0.456	0.231	0.215	0.246	0.203	0.254
	5 月		1	0.327	0.263	0.302	0.231	0.264
	6 月			1	0.325	0.316	0.286	0.333
2007 年	7 月				1	0.531	0.517	0.424
	8 月					1	0.577	0.419
	9 月						1	0.444
	10 月							1

（续表）

		4月	5月	6月	7月	8月	9月	10月
2008年	4月	1	0.323	0.294	0.233	0.320	0.348	0.348
	5月		1	0.310	0.297	0.257	0.313	0.273
	6月			1	0.308	0.237	0.286	0.25
	7月				1	0.379	0.310	0.267
	8月					1	0.619	0.478
	9月						1	0.778
	10月							1
2009年	4月	1	0.519	0.171	0.190	0.200	0.174	0.190
	5月		1	0.286	0.216	0.321	0.225	0.208
	6月			1	0.667	0.762	0.485	0.255
	7月				1	0.586	0.450	0.281
	8月					1	0.563	0.275
	9月						1	0.510
	10月							1
2010年	4月	1	0.548	0.513	0.343	0.286	0.308	0.267
	5月		1	0.525	0.441	0.306	0.325	0.283
	6月			1	0.463	0.289	0.362	0.346
	7月				1	0.484	0.444	0.415
	8月					1	0.786	0.647
	9月						1	0.824
	10月							1

若以 2007 ~ 2010 年综合同月的浮游植物物种组成来分析相似性（表 6-5）可看出，4 月与 5 月、5 月与 6 月、7 月与 8 月、7 月与 9 月、8 月与 10 月都为中度相似，8 月与 9 月、9 月与 10 月为极相似。

6.1.5　群落各年的多样性和均匀度

浮游植物多样性分析见表 6-6。由表可见，2007 ~ 2010 年 4 ~ 10 月的蠡湖浮游植物多样性较好，多样性指数月变化在 0.707 ~ 2.393，按年平均分别为 1.434、1.188、1.765 和 1.808，有逐年好转之势，其中 2008 年的多样性指数最小，5 月和 9 月多样性指数未达到 ＞ 1，2009 年的 9 月和 10 月多样性指数大于 2，而 2010 年的 5 月、6 月和 10 月多样性指数均大于 2，表明浮游植物多样性指数在逐年提高。

表 6-5　2007 ~ 2010 年综合分析浮游植物种类相似性指数
Table 6-5　Similarity index comprehensive analysis of phytoplankton (2007–2010)

	4 月	5 月	6 月	7 月	8 月	9 月	10 月
4 月	1	0.566	0.381	0.343	0.295	0.337	0.343
5 月		1	0.511	0.354	0.333	0.333	0.365
6 月			1	0.476	0.392	0.425	0.404
7 月				1	0.545	0.559	0.494
8 月					1	0.704	0.507
9 月						1	0.676
10 月							1

浮游植物均匀度分析结果见表 6-6。由表可见，2007 ~ 2010 年 4 ~ 10 月的蠡湖浮游植物均匀度指数变化在 0.150 ~ 0.456，按年平均分别为 0.297、0.279、0.377 和 0.380，其中 2008 年的均匀度指数较小，尤其 5 月，但 8 月、10 月为大于 0.3；2010 年的均匀度指数最大，除 8 月外，均匀度指数都大于 0.3，表明蠡湖浮游植物均匀度较好。

表 6-6　2007 ~ 2010 年浮游植物多样性指数和均匀度指数
Table 6-6　Diversity index and uniformity index of phytoplankton (2007–2010)

月份	2007 年		2008 年		2009 年		2010 年	
	多样性指数	均匀度指数	多样性指数	均匀度指数	多样性指数	均匀度指数	多样性指数	均匀度指数
4	1.666	0.289	1.139	0.292	1.557	0.340	1.998	0.442
5	1.691	0.306	0.707	0.150	1.400	0.336	2.116	0.456
6	1.194	0.251	1.443	0.294	1.581	0.379	2.096	0.405
7	1.077	0.232	1.125	0.252	1.688	0.355	1.597	0.353
8	1.867	0.407	1.262	0.303	1.603	0.377	1.003	0.225
9	1.519	0.364	0.825	0.211	2.132	0.426	1.807	0.376
10	1.021	0.229	1.812	0.453	2.393	0.429	2.039	0.401
平均	1.434	0.297	1.188	0.279	1.765	0.377	1.808	0.380

6.1.6　对蓝藻的监测

蠡湖是太湖内湾，受太湖蓝藻影响极大。实施净水渔业控制蓝藻也是目的之一，因而研究中对蓝藻作了重点关注。

（1）蓝藻的主要种类及其动态变化：蠡湖 2007 ~ 2010 年共监测到蓝藻门的9 属、21 种（表 6-7）。

表 6-7　2007 ~ 2010 年蓝藻各属的种类数
Table 6-7　The species number of Cyanophyta (2007–2010)

年份	微囊藻属	颤藻属	鱼腥藻属	色球藻属	席藻属	蓝纤维藻属	平裂藻属	螺旋藻属	鞘丝藻属	合计
2007	3	4	2	3	0	3	0	2	1	18
2008	2	3	1	1	1	1	0	0	0	9
2009	1	5	1	1	1	1	1	1	0	12
2010	1	4	1	0	1	1	1	0	0	9

① 鞘丝藻属的螺旋鞘丝藻仅在 2007 年 1 月监测到。

② 蓝纤维藻属的针状蓝纤维藻也仅在 2007 年 1 月监测到，而针晶蓝纤维藻也仅在 2 月监测到，每年的 4 ~ 5 月较多出现的是针晶蓝纤维藻镰刀形。

③ 螺旋藻属的顿顶螺旋藻和极大螺旋藻仅在 2007 年监测到，之后再未监测到。

④ 色球藻属有小型色球藻、束缚色球藻和微小色球藻 3 种，2007 年春末出现，夏季最多，除 7 月密度达 1142×10^4 ind/L 外，6 月、8 月和 9 月密度也有 110×10^4 ~ 220×10^4 ind/L；到 2008 年 6 月仅为 2.1×10^4 ind/L，未再出现；2009 年 5 月监测到有 8.1×10^4 ind/L，之后再未监测到。

⑤ 平裂藻属仅监测到微小平裂藻 1 种，2009 年 6 ~ 10 月监测到微小平裂藻在夏末秋初密度 100×10^4 ind/L；2010 年 8 ~ 9 月有出现，秋初密度 80×10^4 ind/L。微小平裂藻在秋、冬有时成为优势种之一。

⑥ 席藻属仅监测到小席藻 1 种，2008 年 6 月和 2009 年 4 ~ 10 月有出现，除 4 月密度为 90×10^4 ind/L、成优势种外，其他均低于 10×10^4 ind/L；2010 年 6 月监测到密度为 16.4×10^4 ind/L，也为优势种之一。

⑦ 鱼腥藻属监测到有卷曲鱼腥藻、水华鱼腥藻 2 种，也是夏季出现种。2007 年和 2008 年密度较低。2009 年和 2010 年出现的水华鱼腥藻以 7 月密度最高，分别为 209×10^4 ind/L 和 375×10^4 ind/L。

⑧ 微囊藻属是 4 年中出现最多的，其中铜绿微囊藻除 2007 年 5 ~ 9 月出现外，2008 ~ 2010 年均为 4 ~ 10 月出现，且为优势种，夏季高温月时密度最高，如 2007 ~ 2010 年的 7 月密度分别为 837.8×10^4 ind/L、974.6×10^4 ind/L、1153.1×10^4 ind/L 和 711.7×10^4 ind/L；但 2010 年在 8 月因持续高温和开闸引进过太湖水而猛

增为 6 023.5 × 10⁴ ind/L。属内其他种类则在 2007 年 7 月出现过具缘微囊藻（密度 12.83 × 10⁴ ind/L），2008 年 5 ~ 6 月出现过水华微囊藻（密度 42.7 × 10⁴ ind/L 和 722.17 × 10⁴ ind/L）。

⑨ 颤藻属是仅次于微囊藻属而出现较多的属类，除在 2007 年出现过的小颤藻外，主要为污泥颤藻、两栖颤藻、美丽颤藻和巨颤藻，6 ~ 10 月各种类同时或交替出现。若以这 5 个月的平均密度看，2007 ~ 2010 年分别为 42.6 × 10⁴ ind/L、1 148 × 10⁴ ind/L、605.5 × 10⁴ ind/L、1 879.9 × 10⁴ ind/L，波动较大。

（2）蓝藻数量与生物量变动情况：2007 ~ 2010 年蠡湖的蓝藻数量与生物量变动状况见图 6-4。由图可见，2007 年受太湖蓝藻大规模暴发（5 月下旬至 8 月）的影响，蠡湖在 6 ~ 8 月出现较高的蓝藻数量与生物量，2008 ~ 2009 年蓝藻的数量继续上升，但生物量下降，主要是微囊藻减少、其他蓝藻种增多；2010 年 8 月持续高温导致蓝藻数量突然猛增（未出现水华现象），9 ~ 10 月下降也快。

4 年内蓝藻各属的密度组成百分比见图 6-5。以 6 ~ 10 月各蓝藻的平均密度计，4 年的变化是较为显著的，显示了蓝藻种类数增加、数量下降的趋势。

① 2007 年以色球藻（55.88%）、微囊藻（22.91%）为主，有颤藻（15.35%）和鱼腥藻（5.81%），此阶段仅于 6 月下旬放流过鲢、鳙夏花。

② 2008 年以微囊藻（44.1%）和颤藻（55.08%）为主，此阶段湖区中有放流的 2 ~ 3 龄鲢、鳙群体。

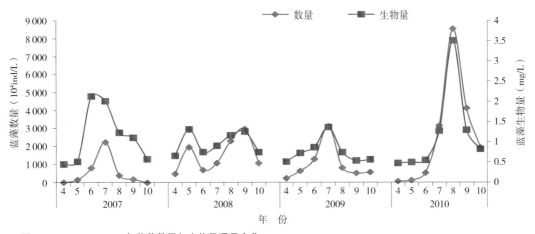

图 6-4　2007 ~ 2010 年蓝藻数量与生物量逐月变化

Fig. 6-4　The monthly abundance and biomass changes of Cyanophyta (2007–2010)

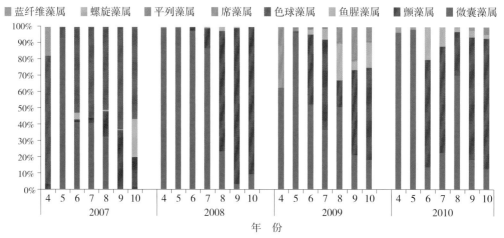

图 6-5 2007～2010 年蓝藻各属的密度组成
Fig. 6-5 Density composition of Cyanophyta (2007–2010)

③ 2009 年是由微囊藻（35.79%）、颤藻（44.9%）、鱼腥藻（10.59%）和平裂藻（7.88%）组成，此阶段湖中以 3 龄以上的鲢、鳙群体为主（放流后从未捕捞）。

④ 2010 年是由颤藻（62.91%）、微囊藻（27.49%）、鱼腥藻（8.19%）和平裂藻（1.36%）组成，此阶段湖中有不同年龄鲢、鳙群体存在（以前的留湖群体和当年放流的 2 龄鱼种）。

6.1.7 对着生藻类的调研

（1）着生藻类结构组成：2009 年 5 月至 2010 年 6 月，通过对蠡湖 12 次调查，着生藻类共鉴定出绿藻、硅藻、蓝藻、裸藻、隐藻 5 门、38 属、51 种（包括变种）。其中，硅藻种数最多，为 13 属、26 种，占着生藻类总种数的 50.98%；绿藻为 18 属、17 种，占着生藻类总种数的 33.33%；蓝藻有 4 属、4 种，占着生藻类总种数的 7.84%；隐藻 1 属 2 种，占着生藻类总种数的 3.92%；裸藻 2 属、2 种，占着生藻类总种数的 3.92%。以优势度指数 Y > 0.02 定位优势种，共发现 4 门、18 种（表 6-8）。

着生藻类种类数的变化与水温呈正相关性，其分布随季节变化有明显的规律性，为夏季种类最多，秋季次之，冬季的种类数最少。着生藻类种属的季节分布情况见表 6-9。

（2）数量分布特征：2009 年 5 月至 2010 年 6 月，着生藻类密度的变化范围为 $0.88 \times 10^4 \sim 2.73 \times 10^4 \, \text{ind/cm}^2$，平均值为 $1.95 \times 10^4 \, \text{ind/cm}^2$，最高数量出现在 7 月份，最低数量出现在 2 月份。着生藻类数量在春季为 $5.31 \times 10^4 \, \text{ind/cm}^2$，夏季为 $7.53 \times 10^4 \, \text{ind/cm}^2$，秋季为 $7.23 \times 10^4 \, \text{ind/cm}^2$，冬季为 $3.35 \times 10^4 \, \text{ind/cm}^2$（图 6-6），数量分布呈夏季＞秋季＞春季＞冬季。

表 6-8　2009 ~ 2010 年着生藻类种类组成
Table 6-8　Composition of periphytic algae species (2009-2010)

硅藻门（Bacillariophyta）

1. 线形舟形藻（*Navicula graciloides*）*
2. 卵圆双眉藻（*Amphora ovalis*）
3. 梅尼小环藻（*Cyclotella meneghiniana*）
4. 钝脆杆藻（*Fragilaria capucina*）
5. 双头针杆藻（*Synedra amphicephala*）*
6. 肘状针杆藻（*Synedra ulna*）*
7. 尖针杆藻（*Synedra acus*）
8. 细布纹藻（*Gyrosigma kützingii*）
9. 尖布纹藻（*Gyrosigma acuminatum*）*
10. 双头舟形藻（*Navicula dicephala*）*
11. 瞳孔舟形藻（*Navicula pupula*）*
12. 胡斯特桥弯藻（*Cymbella hustedtii*）*
13. 细小桥弯藻（*Cymbella pusilla*）*
14. 披针桥弯藻（*Cymbella lanceolata*）
15. 纤细桥弯藻（*Cymbella gracilis*）
16. 缢缩异极藻（*Gomphonema constrictum*）*
17. 缢缩异极藻头状变种
（*Gomphonema constrictum* var.capitata）
18. 微细异极藻（*Gomphonema parvulum*）*
19. 线形菱形藻（*Nitzschia linearis*）*
20. 新月拟菱形藻（*Nitzschiella closterium*）
21. 扁圆卵形藻（*Cocconeis placentula*）
22. 粗状双菱藻（*Surirella robusta*）
23. 卵形双菱（*Surirella ovate*）
24. 美丽双壁藻（*Diploneis puella*）
25. 颗粒直链藻最窄变种
（*Melosira granulate* var. *angustissima*）
26. 短小辐节藻（*Stauroneis pygmaea*）

绿藻门（Chlorophyta）

27. 黏四集藻（*palmella mucoda*）
28. 小球藻（*Chlorell vulgaris*）*
29. 优美胶毛藻（*Chaetophora elegans*）
30. 脆弱刚毛藻（*Cladophora fracta*）*
31. 单角盘星藻（*Pediastrum simplex*）
32. 简单衣藻（*Chlamydomonas simplex*）
33. 梅尼鼓藻（*Cosmarium meneghinii*）
34. 韦氏藻（*Westella botryoides*）
35. 月牙新月藻（*Closterium Cynthia*）
36. 尾丝藻（*Uronema confervicolum*）*
37. 镰形纤维藻（*Ankistrodesmus falcatus*）
38. 优美毛枝藻（*Stigeoclonium amoenum*）
39. 四尾栅藻（*Scenedesmus quadricauda*）*
40. 斜生栅藻（*Scenedesmus obliquus*）
41. 四角十字藻（*Crucigenia quadrata*）
42. 实球藻（*Pandorina morum*）*
43. 集星藻（*Actinastrum*）

蓝藻门（Cyanophyta）

44. 针晶蓝纤维藻
（*Dactylococcopsis rhaphidioide*）
45. 小颤藻（*Oscillatoria tenuis*）*
46. 微小平裂藻（*Merismopedia tenuissima*）
47. 腔球藻（*Coelosphaerium*）

隐藻门（Cryptophyta）

48. 卵形隐藻（*Cryptomonas ovate*）*
49. 尖尾蓝隐藻（*Chroomonas acuta*）

裸藻门（Euglenophyta）

50. 尖尾裸藻（*Euglena oxyuris*）
51. 长尾扁裸藻（*Phacus longicauda*）

注：带"*"者为优势种。

表 6-9　着生藻类的门属种季节分布
Table 6-9　Annual changes of periphytic algae species composition

名　称	春　季	夏　季	秋　季	冬　季
门	4	4	4	3
属	19	26	23	18
种	29	38	32	25
优势种	脆弱刚毛藻、针杆藻、颗粒直链藻最窄变种	双头舟形藻、瞳孔舟形藻、尖布纹藻	脆弱刚毛藻、尾丝藻、优美胶毛藻	双头舟形藻、针杆藻

着生藻类数量的分布由于底质不同而有一定的差异性，以淤泥为主底质的采样点的年平均数量为 3.90×10^4 ind/cm²，以沙石为主底质的采样点的年平均数量为 1.82×10^4 ind/cm²，而介于两者之间、底质较为复杂的采样点则其年平均数量为 2.09×10^4 ind/cm²。

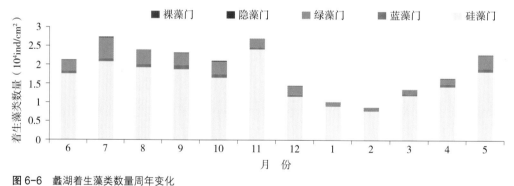

图 6-6　蠡湖着生藻类数量周年变化

Fig. 6-6　Annual abundance changes of periphytic algae in Lihu Lake

（3）多样性指数与均匀度指数：着生藻类多样性指数变化范围为 2.12 ~ 2.94，其中夏季和秋季较高，春季和冬季相对较低，平均值为 2.50，表明着生藻类的均匀程度较高，群落稳定性好。其均匀度指数变化在 0.76 ~ 0.88，平均为 0.85，由于均匀度指数均大于 0.7，在季节变化上与多样性指数呈现同样变化规律，表明着生藻类均匀度较好（表 6-10）。

表 6-10　着生藻类多样性指数与均匀度指数
Table 6-10　Diversity index and uniformity index of periphytic algae

名　称	1月	2月	3月	4月	5月	6月	7月	8月	9月	10月	11月	12月
多样性指数	2.12	2.34	2.45	2.38	2.51	2.35	2.94	2.94	2.58	2.40	2.68	2.26
均匀度指数	0.76	0.77	0.80	0.84	0.88	0.86	0.86	0.88	0.88	0.88	0.88	0.85

6.2　浮游动物群落结构特征及其变动动态

6.2.1　种类组成与种数变化及优势种

2007 ~ 2010 年共检测到桡足类 5 种，枝角类 23 种，轮虫 38 种，原生动物未完整检测，名录见附表二。各年检测到的种数及优势种见表 6-11，变动情况见图 6-7。总趋势是，放流鲢、鳙后轮虫种类减少，尤其 2010 年夏季的 6 月和 7 月几乎没有检测到轮虫，桡足类仅在 2010 年 7 月出现了猛水蚤，枝角类较正常。

表 6-11　2007 ~ 2012 年浮游动物种类数变动情况
Table 6-11　Changes of zooplankton species (2007-2010)

种　类	2007 年	2008 年	2009 年	2010 年	总出现种	优　势　种
桡足类	4	5	4	5	6	英勇剑水蚤、汤匙华哲水蚤、指状许水蚤、无节幼体
枝角类	16	7	14	11	23	长额象鼻溞、僧帽溞、近亲裸腹溞、方形网纹溞
轮　虫	28	22	16	9	38	长肢多肢、前节晶囊、螺形龟甲、矩形龟甲、曲腿龟甲、萼花臂尾等轮虫

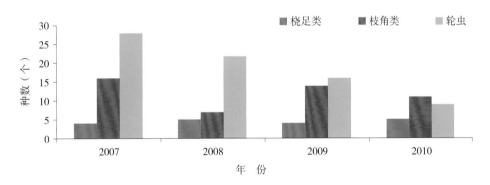

图 6-7　2007 ~ 2012 年浮游动物种类数变动情况
Fig. 6-7　Changes of zooplankton species (2007-2010)

6.2.2　数量及生物量

2007 ~ 2010 年 4 ~ 10 月浮游动物中桡足类和枝角类的数量和生物量检测值见表 6-12 和图 6-8a、b。从年平均数量分别为 639.1ind/L、335.7ind /L、183.6ind /L 和 76.0ind /L 与年平均生物量分别为 4.59mg/L、3.55mg/L、2.73mg/L 和 1.71mg/L 来看，呈逐年下降趋势。

浮游动物在水域生态系统的食物链中占有重要地位，是鱼虾类的活饵料。对浮游动物的监测反映了大量放流鲢、鳙后生物饵料的变化，因此以鱼类主要摄食

表 6-12　2007 ～ 2010 年主要浮游动物数量及生物量

Table 6-12　Abundance and biomass of main zooplankton (2007-2010)

种类	年份	4月 数量（ind/L）	4月 生物量（mg/L）	5月 数量（ind/L）	5月 生物量（mg/L）	6月 数量（ind/L）	6月 生物量（mg/L）	7月 数量（ind/L）	7月 生物量（mg/L）
桡足类	2007	87.8	1.63	76.1	2.65	119.4	2.16	99.3	0.88
	2008	32.9	1.32	30.3	1.25	131.7	1.50	280.6	2.45
	2009	37.9	0.50	34.6	0.60	75.7	0.90	151.7	1.60
	2010	29.8	0.72	7.9	0.29	18.8	0.52	10.8	0.29
枝角类	2007	237.5	6.54	23.0	0.90	50.2	0.96	239.9	4.87
	2008	41.1	0.82	99.9	2.00	23.5	0.47	106.4	2.13
	2009	10.7	0.20	152.4	3.20	70.5	2.10	79.1	3.20
	2010	47.5	0.95	75.1	1.56	46.0	1.82	33.0	0.89
轮虫	2007	33.3	0.46	8.2	0.04	450.0	0.15	159.3	1.11
	2008	4.6	0.08	0.3	0.003	15.3	0.02	113	0.05
	2009	197.7	0.40	7.7	0.006	30.5	0.02	95.8	0.05
	2010	57.7	0.51	20.2	0.01	0	0	0	0

种类	年份	8月 数量（ind/L）	8月 生物量（mg/L）	9月 数量（ind/L）	9月 生物量（mg/L）	10月 数量（ind/L）	10月 生物量（mg/L）
桡足类	2007	86.8	2.07	272.0	1.75	35.3	0.97
	2008	165.6	1.66	305.7	2.36	188.9	2.64
	2009	121.3	1.50	46.3	0.70	33.3	0.87
	2010	24.53	0.80	15.5	0.41	11.8	0.31
枝角类	2007	114.7	2.33	50.3	1.04	59.3	1.10
	2008	119.93	2.40	112.3	2.25	41.3	0.83
	2009	21.1	0.70	23.1	0.65	58.3	1.72
	2010	36.93	0.98	36.8	1.03	23.1	0.69
轮虫	2007	593.3	0.38	242.0	0.13	2.1	0.003
	2008	328.27	0.35	68.6	0.21	140.0	0.08
	2009	24.7	0.04	9.9	0.02	3.3	0.02
	2010	6.47	0.03	17.9	0.08	12.5	0.07

的 4 ～ 10 月的浮游动物生物量变动看（图 6-8b），4 年内浮游动物的生物量变动中，轮虫和桡足类被大量摄食。与未放流的 2007 年的浮游动物的生物量相比，轮虫生物量下降了 70%，枝角类生物量下降了 55.4%，桡足类生物量下降了 72.5%，表明虽然放流鲢、鳙对浮游动物有影响，但还没有到使浮游动物资源匮乏的程度。

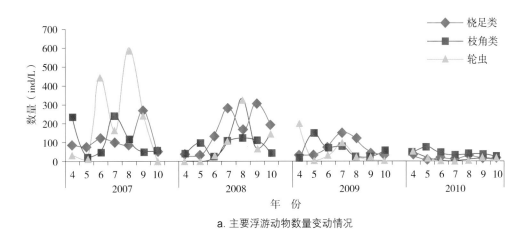

a. 主要浮游动物数量变动情况

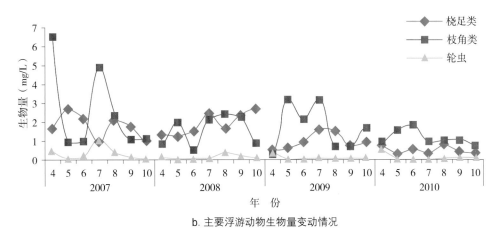

b. 主要浮游动物生物量变动情况

图 6-8　2007 ～ 2010 年主要浮游动物数量与生物量逐月变化

Fig. 6-8　The monthly changes of main zooplankton abundance and biomass (2007–2010)

6.2.3　群落各年的多样性和均匀度

　　2007 ～ 2010 年 4 ～ 10 月浮游动物的平均多样性指数分别为 1.674、1.642、1.600 和 1.806（表 6-13）。分析得知，因蠡湖天然鱼类繁殖季节在 4 ～ 6 月，此期间大量浮游动物被鱼类摄食，并非单因放流鲢、鳙所致，所以 4 年内浮游动物的生物多样性差异不大，仍在多样性较丰富的范畴内。

　　浮游动物均匀度指数变化在 0.430 ～ 0.885，变化较大的是 2009 年（鲢、鳙群体较大），4 ~ 10月为0.430 ~ 0.790。年平均大于0.6，表明蠡湖浮游动物均匀度始终很好（图6-9）。

表 6-13   2007 ~ 2010 年浮游动物多样性指数和均匀度指数
Table 6-13   Diversity index and uniformity index of zooplankton (2007–2010)

月份	2007 年		2008 年		2009 年		2010 年	
	多样性指数	均匀度指数	多样性指数	均匀度指数	多样性指数	均匀度指数	多样性指数	均匀度指数
4	1.519	0.655	1.565	0.823	0.980	0.430	1.754	0.782
5	1.696	0.740	1.200	0.668	1.145	0.504	1.261	0.632
6	1.848	0.736	1.424	0.595	1.976	0.768	1.854	0.812
7	1.725	0.665	1.868	0.666	1.873	0.692	1.543	0.760
8	1.613	0.650	1.905	0.736	1.606	0.667	1.690	0.797
9	1.704	0.627	1.656	0.617	1.858	0.790	2.224	0.856
10	1.612	0.764	1.877	0.755	1.765	0.773	2.316	0.885
平均	1.674	0.691	1.642	0.694	1.600	0.661	1.806	0.789

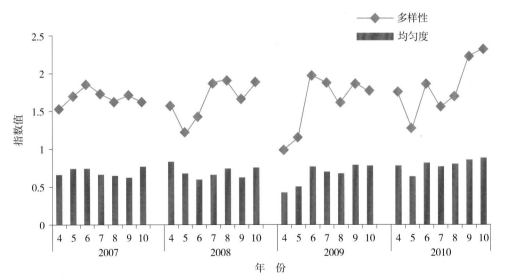

图 6-9   2007 ~ 2010 年浮游动物多样性指数和均匀度指数的逐月变化
Fig. 6-9   The monthly changes of zooplankton diversity index and uniformity index (2007–2010)

6.3   底栖生物群落结构特征及其变动动态

底栖生物在水域生态系统的食物链中占有重要地位，一是为底层鱼虾类的活饵料，二是底栖生物的变化可评价水质的优劣，因而在大量放流鲢、鳙后对底栖生物进行了同步监测。

6.3.1　种类组成及优势种

蠡湖底栖生物群落结构简单，2007 ~ 2010 年共检测到底栖生物 7 种，其中水生昆虫 2 种，寡毛类 1 种，软体动物 4 种，名录见附表三。从群落的种类组成看，种类贫乏、结构简单，由水生昆虫和寡毛类组成。水生昆虫主要是粗腹摇蚊幼虫、羽摇蚊幼虫；寡毛类仅为中华颤蚓。各年检测到的底栖生物种数及优势种见表 6-14。

表 6-14　2007 ~ 2010 年检测到的底栖生物种数及优势种
Table 6-14　Species and dominant species of benthos (2007-2010)

种　类	2007 年	2008 年	2009 年	2010 年	总出现种	优势种 / 软体动物出现种
水生昆虫类	2	2	2	2	2	粗腹摇蚊幼虫、羽摇蚊幼虫
寡毛类	1	1	1	1	1	中华颤蚓
软体动物	0	3	0	1	4	中华圆田螺

6.3.2　数量和生物量

2007 ~ 2010 年 4 ~ 10 月监测到的水生昆虫类和寡毛类的数量和生物量如表 6-15。图 6-10 显示的为水生昆虫类和寡毛类的密度组成情况，图 6-11 为其数量和生物量变动情况，由图可知 2009 ~ 2010 年水生昆虫类大大增多，寡毛类则缓慢增多，水生昆虫群落占了绝对优势。在生物量上，寡毛类从 2007 ~ 2008 年占总量 12% 左右下降到 2009 ~ 2010 年的占 2% ~ 3%。

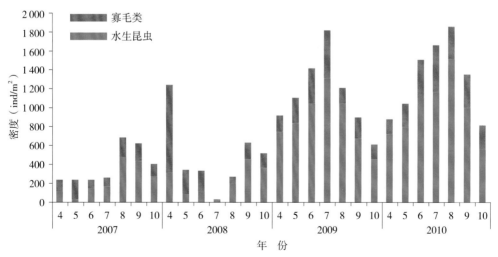

图 6-10　水生昆虫和寡毛类的密度组成
Fig. 6-10　The density composition of aquatic insects and oligochaetes

表 6-15　2007～2010 年主要底栖生物的数量和生物量

Table 6-15　Abundance and biomass of main benthos (2007-2010)

名　称	年份	4 月		5 月		6 月		7 月	
		水生昆虫	寡毛类	水生昆虫	寡毛类	水生昆虫	寡毛类	水生昆虫	寡毛类
密度（ind/m²）	2007	112.0	579.2	35.2	84.3	148.3	43.7	161.1	99.2
	2008	307.2	936.5	80.0	263.5	113.1	220.8	17.1	7.5
	2009	746.7	174.9	839.5	272.0	1 045.3	375.5	1 313.1	509.9
	2010	721.1	155.7	802.1	240.0	1 109.3	396.8	1 170.1	499.2
生物量（mg/m²）	2007	658.3	281.5	236.5	40.9	533.8	21.3	741.3	48.2
	2008	1 457.3	455.2	214.8	128.1	669.0	107.3	46.5	3.6
	2009	5 828.5	85.0	6 560.6	132.2	7 997.1	182.5	9 732.8	247.8
	2010	5 431.3	75.7	6 161.2	116.6	8 547.8	192.8	6 322.9	242.6

名　称	年份	8 月		9 月		10 月	
		水生昆虫	寡毛类	水生昆虫	寡毛类	水生昆虫	寡毛类
密度（ind/m²）	2007	480.0	205.9	433.1	189.9	278.4	121.6
	2008	193.1	72.5	453.3	177.1	360.5	157.9
	2009	925.9	290.1	668.8	229.3	453.3	160.0
	2010	1 525.3	337.1	1 005.9	349.9	555.7	266.7
生物量（mg/m²）	2007	1 244.9	100.1	1 236.3	92.3	806.8	59.1
	2008	796.7	35.3	2 890.2	86.1	1 414.7	76.7
	2009	7 441.2	141.0	5 404.9	111.5	3 527.4	77.8
	2010	4 170.8	163.8	2 610.0	170.0	1 682.6	129.6

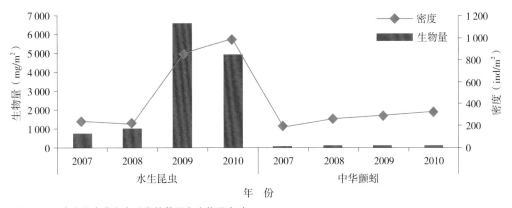

图 6-11　水生昆虫类和寡毛类的数量和生物量变动

Fig. 6-11　Changes of aquatic insects and oligochaetes abundance and biomass

6.3.3　季节动态与水平分布

　　蠡湖的寡毛类仅监测到中华颤蚓一种，其季节变化由图 6-12 可见。中华颤蚓在 2007 ~ 2008 年 4 月的生物量较高，5 月之后生物量渐降；在 2009 ~ 2010 年中华颤蚓的生物量有所增加。从监测中华颤蚓在湖区 15 站点的生物量水平分布（图 6-13）看，4 年中西蠡湖除宝界桥西（1 号点）外均低于 150mg/m²，表明西蠡湖清淤后中华颤蚓种群恢复较慢；东蠡湖的中华颤蚓种群恢复较快，尤中部（11 号点）4 年内的生物量都高于 180mg/m²。2009 ~ 2010 年中华颤蚓生物量总体较前两年有所增加，分布则比较均匀，西蠡湖少于东蠡湖，而宝界桥东西两侧（8 号点与 1 号点）是其增加较快的水域。

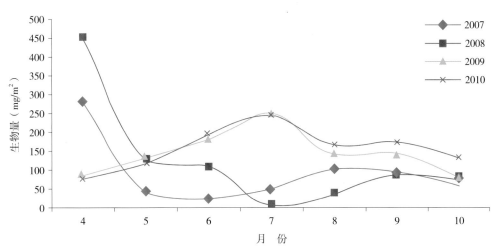

图 6-12　2007 ~ 2010 年中华颤蚓生物量对比

Fig. 6-12　Comparison of Tubifex sinicus biomass (2007–2010)

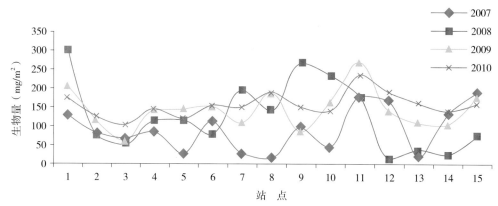

图6-13 2007～2010年中华颤蚓生物量在湖区各站点变动情况

Fig. 6-13　Changes of Tubifex sinicus biomass in different zones (2007–2010)

蠡湖的水生昆虫主要监测到粗腹摇蚊幼虫、羽摇蚊幼虫2种，其组成密度增减如图6-14所示，由图可见2007年羽摇蚊幼虫居多，2008年夏季较少，2009～2010年水生昆虫大幅度增多，但2009年以粗腹摇蚊幼虫居多，2010年夏季羽摇蚊幼虫增多，这些都与水质变化相关。

从监测到水生昆虫在湖区15站点的密度水平分布（图6-15）看，2007～2008年水生昆虫的密度最多为400ind/m^2，以羽摇蚊幼虫为多；2009年密度大增，以粗腹摇蚊幼虫密度增大为主；2010年羽摇蚊幼虫也增大，但全湖分布均匀。

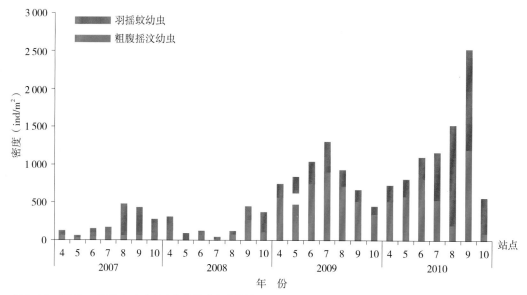

图6-14 2007～2010年水生昆虫密度组成变动情况

Fig. 6-14　Changes of aquatic insect density composition (2007–2010)

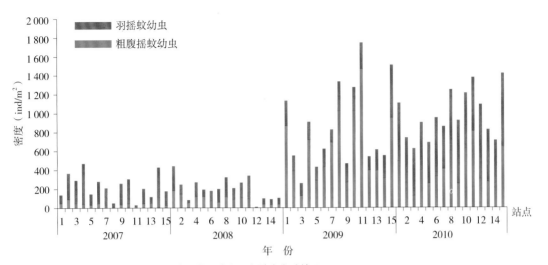

图 6-15　2007 ~ 2010 年水生昆虫生物量在湖区各站点变动情况

Fig. 6-15　Changes of aquatic insect biomass in different zones (2007–2010)

6.3.4　群落多样性变化

2007 ~ 2010 年 4 ~ 10 月的底栖生物多样性指数见表 6-16。由图 6-16 可见，底栖生物多样性在 2008 年的各月变动较大，2009 年较前两年有好转，而 2010 年又略有下降。

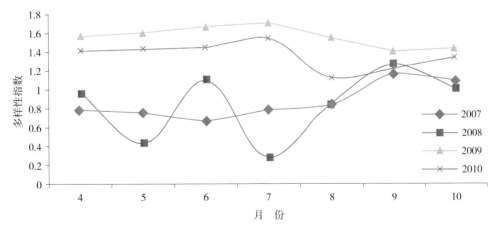

图 6-16　2007 ~ 2010 年底栖生物多样性指数对比

Fig. 6-16　Comparison of diversity indexes of benthos (2007–2010)

表 6-16　2007 ~ 2010 年底栖生物多样性指数

Table 6-16　Diversity indexes of benthos (2007–2010)

年 份	多样性指数							
	4 月	5 月	6 月	7 月	8 月	9 月	10 月	均值
2007	0.782	0.751	0.670	0.780	0.835	1.159	1.089	0.866
2008	0.969	0.436	1.094	0.279	0.847	1.265	1.011	0.843
2009	1.569	1.594	1.660	1.700	1.546	1.397	1.426	1.556
2010	1.404	1.422	1.441	1.535	1.118	1.221	1.329	1.353

6.3.5　对软体动物的监测

作为净水渔业的辅助手段，2007 年曾在蠡湖放流了螺、蚌等，既可净水又作为鱼类的饵料，因此禁止捕捞。为此，对软体动物的监测是有缺失的。原因：一是在 2007 ~ 2010 年对底栖生物监测中受采样器（面积为 1/16m² 的彼得逊采泥器）的限制极少采集到，仅有记录为 2008 年 5 月 13 日的 2 号点采集到河蚬 1 只、梨形环棱螺 1 只；同年 12 月 9 日在 15 号点采集到幼蚌 1 只。二是仅对敞水区而未对沿岸带作监测。

然而，在 2007 ~ 2009 年对鱼类资源常规监测用的地笼网中却多次采集到放流的中国圆田螺。以 2008 年在敞水湖区中采集到的圆田螺情况（表 6-17）和全湖捕到圆田螺的样点（图 6-17）分析，依据圆田螺的生物学特性，如主食低等藻类；群体中雌螺占 75% ~ 80%，4 月开始繁殖，6 ~ 8 月为生育旺季；幼螺在水中行自由生活，幼螺生长至一年左右即达性成熟等，表明圆田螺已在蠡湖世代繁衍，全湖分布，对净水起到较好的作用。

表 6-17　2008 年在敞水湖区中采集到的中国圆田螺情况

Table 6-17　Cipangopaludina chinensis Gray in open water zone in 2008

月 份	数 量（个）	重 量（g）	平均个体重（g）
1	2	3	1.50
2	14	24	1.71
3	117	212	1.81
4	65	134	2.06
5	70	116	1.66
6	7	10	1.43
9	231	667	2.89
10	2	4	2.00
11	1	5	5.00

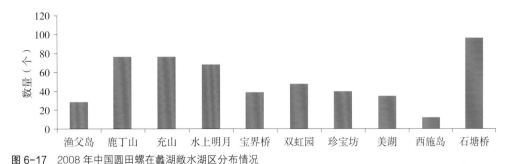

图 6-17 2008 年中国圆田螺在蠡湖敞水湖区分布情况

Fig. 6-17 Distribution of Cipangopaludina chinensis Gray in open water zone of Lihu Lake in 2008

6.4 净水渔业技术对浮游生物的调控作用分析

实施净水渔业技术，主要是放流滤食浮游生物的鲢、鳙，重点分析大个体鲢、鳙和大群体时对浮游植物和浮游动物的影响及其变动，其次分析对底栖生物有否影响。

6.4.1 鲢、鳙摄食不足以左右浮游植物的变动

鲢、鳙是滤食性鱼类，滤食浮游生物与其鳃耙间距有关，鱼体越大，滤食的藻类个体越大，且鳙滤食蓝藻比鲢多。监测表明，鲢滤食蓝藻和绿藻各占藻类组成的 30% ~ 35%，硅藻占 10% ~ 20%，甲藻和隐藻各占 10% 以内；而鳙滤食蓝藻达藻类组成的 40% ~ 50%，绿藻占 30%，硅藻占 10% ~ 20%，甲藻和隐藻各占 2% ~ 6%。

鲢、鳙是无胃鱼类，消化道的长短与食物消化的关系十分密切，随着鱼体长的增加，肠长指数也增加，表明食物在肠中停留的时间也相对增加，对藻类的吸收消化率也会随之提高。对放流的鲢、鳙镜检表明，即使蓝藻在鲢、鳙的体内得不到完全消化，但可以破坏其存在的形式。

以 2007 ~ 2010 年 4 ~ 10 月鲢、鳙滤食旺盛时的主要藻类生物量变动分析（图 6-18），2007 年仅在 6 月放流了夏花鱼种，12 月才放流 2 龄鱼种，因此可认为对湖中藻类影响不大；2008 年后随鲢、鳙群体的不断增大，摄食藻类强度增大而使藻类生物量有所变动。从总体看，2008 年 4 月藻类已达一定的生物量，主要变动在 5 ~ 9 月，而到 10 月却保持生物量较一致，表明鲢、鳙摄食不足以左右蠡湖浮游植物的生物量变动。鲢、鳙摄食过程既提高了对浮游植物生物量的利用率，同时也通过鱼体积贮从水体中移出大量氮、磷。

2009 年底的集中捕捞取出 4 龄为主的 200t 左右鲢、鳙后，于 1 月和 3 月又投放 126t 的 2 龄鱼种，2010 年内虽浮游植物生物量变动起伏较大，但 10 月生物量与前三年的相似。

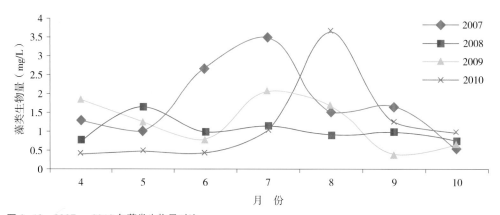

图 6-18　2007 ~ 2010 年藻类生物量对比

Fig. 6-18　Comparison of algae biomass (2007–2010)

（1）仍保持浮游植物群落结构的复杂和稳定性

① 对种类组成影响不大：从 2007 ~ 2010 年监测到的浮游植物种数百分比组成见图 6-19。4 年内都以绿藻、硅藻、蓝藻的种类为主，年间有变动，如硅藻在 2008 年出现的种类数少是硅藻个体小，易被放流鲢、鳙鱼种所摄食，但随鲢、鳙长大即有所恢复。

② 优势种种类数变多、优势度变小：优势种种类数及其数量对群落结构的稳定性有重要影响，优势种种类数越多且优势度越小，则群落结构越复杂、稳定（柳丽华等，2007）。分析 4 年内蠡湖各个月份的浮游植物优势种都在 2 种以上，优势种种数较多且优势度不高，表明蠡湖浮游植物群落结构比较复杂，不同月份间的浮游植物优势种既有交叉又有演替。如小球藻在 4 年内均处于主要优势种地位，其他优势

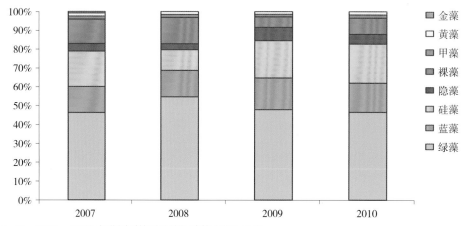

图 6-19　2007 ~ 2010 年监测到的浮游植物种数百分比组成

Fig. 6-19　Composition of phytoplankton species (2007–2010)

种演替不明显；蓝藻中出现的优势种由 2007 年的 4 种上升至 2010 年的 8 种，种类数在增加，生物量在下降，是水体好转的迹象。

分析认为，蠡湖浮游植物优势种变动主要是受放流鱼类摄食的影响，但也有环境生态方面的影响，如裸藻门种类喜生于有机物和氮丰富的水体，当蠡湖总氮下降后，出现种类就由 2007 年的 8 种减少到 2010 年的 3 种；隐藻门的尖尾蓝隐藻、卵形隐藻是水体富营养化标志之一，在 2007～2009 年曾都为优势种，但 2010 年蠡湖因实施净水渔业技术改变了湖泊营养状态后，在 7 月后已不再成为优势种了。

③ 4 年内浮游植物种群相似、生境无大变动：相似性指数反映了生境的相似程度。种群的相似性仅与种群的物种组成相关，与物种多样性大小没有关系。无论是在相似性等级之间还是在同一相似性等级内，相似性指数（X）值越大，则种群就越相似、生境也越接近。

以 2007～2010 年综合同月的浮游植物物种组成来分析相似性，由表 6-5 可看出，4 月与 5 月、5 月与 6 月、7 月与 8 月、7 月与 9 月、8 月与 10 月都为中度相似，而 8 月与 9 月、9 月与 10 月为极相似。由此可见，放流鱼类后的蠡湖生境是越来越相似。

（2）浮游植物多样性的逐年提高显示水质转好：物种多样性是衡量一定区域生物资源丰富程度的一个客观指标，用于评价群落中种类组成的稳定程度及其数量分布均匀程度和群落组织结构特征，并常作为描述群落演替方向、速度和稳定程度的指标。用它来评价浮游植物的多样性更为直观、清晰；能够反映出各物种个体数目分配的均匀程度。通常以均匀度指数大于 0.3 作为浮游植物多样性较好的标准进行综合评价，一般而言，较为稳定的群落具有较高的多样性和均匀度。图 6-20 显示

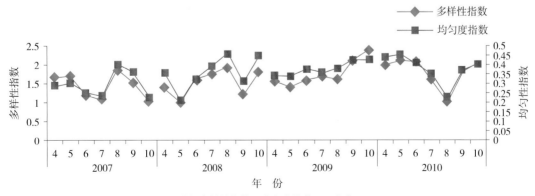

图 6-20 2007～2010 年蠡湖的浮游植物多样性指数和均匀度指数逐月变化
Fig. 6-20 The monthly changes of phytoplankton diversity index and uniformity index in Lihu Lake (2007–2010)

了 2007 ~ 2010 年 4 ~ 10 月的蠡湖浮游植物多样性和均匀性有逐年提高之势，由此可说明蠡湖自放流鲢、鳙后，浮游植物群落结构比较复杂、群落信息含量大，群落结构处于较完整的状态。

6.4.2　鲢、鳙对蓝藻有明显的抑制作用

蠡湖四季分明，季节变化显著，在 7 ~ 8 月达到一年中气温和水温的最高值，非常适合喜温性蓝藻的生长繁殖，如微囊藻、颤藻和鱼腥藻属的一些种类，也是浅水富营养化水体中经常发生水华的 3 种典型蓝藻，其数量和生物量也在 7 ~ 8 月达到高峰。实测鲢、鳙滤食藻类以蓝藻、绿藻为主，同时证实了当鲢、鳙群体中鱼的个体较大时，有效地摄取能形成水华的群体蓝藻能力很强，反之则稍弱。

（1）蓝藻"水华"种类的优势度指数降低或消失：2008 年湖中有 2 ~ 3 龄的鲢、鳙群体存在时，蓝藻中微囊藻和颤藻占 99%，蓝藻出现种类大减至 9 种。2009 年湖中以 3 龄以上的鲢、鳙群体存在时，蓝藻组成中微囊藻和颤藻各减少了约 20%，而卷曲鱼腥藻消失，出现平裂藻等，种类增为 12 种。2010 年湖中有不同年龄的鲢、鳙群体存在（以前的留湖群体和当年放流的 2 龄鱼种）时，微囊藻继续减少，颤藻增多，而且蓝藻中的铜绿微囊藻优势度指数从最高为 2008 年的 0.86，下降到 2010 年的 0.69；巨颤藻优势度指数从最高为 2008 年的 0.71，下降到 2010 年的 0.39。以上表明鲢、鳙放流后对蓝藻影响的确很大。

（2）鲢、鳙的个体越大，对蓝藻利用率越高：图 6-21 显示了 2007 ~ 2010 年 4 ~ 10 月的蓝藻生物量与其他藻类生物量的组成情况，可见 2007 年蓝藻生物量较大；2008 年虽因鲢、鳙群体尚不大、摄食小个体的藻类多等因素，但蓝藻生物量已

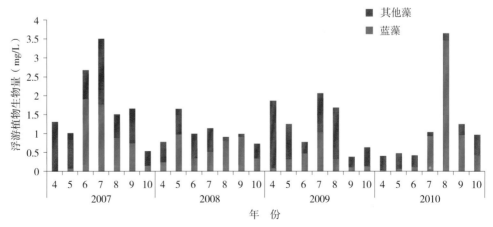

图 6-21　2007 ~ 2010 年蓝藻与其他藻类的生物量对比

Fig. 6-21　Comparison of Cyanophyta and other algae biomass (2007–2010)

大有降低；2009 年放流鱼类群体增大、鱼的个体也大，因而对蓝藻摄食强度也增大，7 月因高温蓝藻生物量虽较高，但到 8 ~ 9 月已被充分利用。

（3）图 6-21 显示 2010 年 8 月蓝藻生物量猛增，达 3.454mg/L，其他藻类生物量仅为 0.18mg/L。究其原因，一是持续高温（监测水温为 32.3℃）、光照充足，蓝藻中有微小平裂藻、鱼腥藻、污泥颤藻、巨颤藻和铜绿微囊藻，其中铜绿微囊藻喜好高温，在水温 30 ~ 35℃时生长最佳，在水温 30℃时获得最大细胞密度（张青田等，2011）；二是曾开闸引进过太湖水（有铜绿微囊藻"水华"）；三是检测发现，铜绿微囊藻数量虽多，却多以零星的小数量群体形式出现，浮于水中，似为鲢、鳙摄食后未能消化再排出体外的鱼粪。

分析认为，8 月湖中铜绿微囊藻数量由 7 月的 711.7×10⁴ind/L（占蓝藻的 22.5%）猛增到 6 023.5×10⁴ind/L，增加了 8.5 倍（占蓝藻的 70.3%）；8 月监测为 764.6×10⁴ind/L（占蓝藻的 18.5%），全湖却未出现水华现象，这应与有较大的鲢、鳙种群存在有关，而且群体中鱼的个体大时，有效地摄取能形成水华的群体蓝藻能力很强，这表明在湖中保留有一定数量的高龄鱼群体的重要性，即可抑制水华的发生。

6.4.3　放流后的浮游动物群落结构仍处于较完整状态

浮游动物是鲢、鳙主要滤食对象。监测表明，放流鲢、鳙后轮虫种类减少较多，桡足类和枝角类变化不大。由图 6-8 可看出，2007 ~ 2010 年 4 ~ 10 月浮游动物密度和生物量变动趋势是逐年减少，以 2010 年与 2007 年各类的生物量相比，轮虫生物量下降了 70%；枝角类生物量下降了 55.4%；桡足类生物量下降了 72.5%，表明虽然放流鲢、鳙对浮游动物有影响，但没有使浮游动物资源到匮乏的程度。分析认为，鲢、鳙虽大量摄食浮游动物，降低了被摄食种群的密度，但缩短了被摄食种群生物量周转期，使水体中浮游动物产量相对稳定。

从浮游动物 4 年的多样性指数和均匀度指数变化来看，鲢、鳙群体较大的 2009 年指数值稍低，但有着同样高密度鲢、鳙群体的 2010 年则多样性指数和均匀度指数为最高，表明蠡湖自放流鲢、鳙后，浮游动物群落结构一直处于较完整的状态。

6.4.4　放流对底栖生物群落的影响

（1）耐污的中华颤蚓数量增多：寡毛类在蠡湖底栖群落中结构单一、不占优势，仅有中华颤蚓 1 种。中华颤蚓在水体评价指标中属于耐污型种群，它的存在反映了蠡湖水体的污染已经使多数较为敏感的种类和不适应缺氧环境的种类逐渐消失，仅保留了该种群。分析认为，放流鲢、鳙后会有大量增加水体氮、磷的排泄物进入，对于吞食水中和底泥中的有机碎屑颗粒、腐殖质和微小生物体的寡毛类影响是数量会增多。监测表明，在 2007 ~ 2010 年中华颤蚓的年均生物量分别为 91.9mg/m²、127.5mg/m²、139.7mg/m² 和 155.9mg/m²，分析是因放流的鲢、鳙使排泄物增多所致。

（2）水生昆虫中重污种减少、中污种增多：水生昆虫以水底有机物碎屑为食，在加速水体物质循环中的有机物矿化作用和消除有机物污染方面具有显著作用。摇蚊科昆虫又因种类丰富、个体众多、不同种类对水域生境要求不同，从而成为监测水体环境和污染状况的优良指示生物，如羽摇蚊幼虫为重污指示种，粗腹摇蚊幼虫为中污指示种。蠡湖放流鲢、鳙后，水生昆虫群体组成比例是羽摇蚊幼虫所占比例在 2007 ~ 2010 年分别为 69.7%、23.6%、13% 和 24.5%，总体呈逐年下降趋势，而粗腹摇蚊幼虫则逐年增多，表明蠡湖水质有所好转。

6.5　以水生生物群落变动评价蠡湖放流鲢、鳙对水体的净化

6.5.1　用生物多样性指数评价水质变化

在蠡湖，放流鲢、鳙后的水生生物都有变动，因而也可以用生物多样性的变化来评价水质，标准是水域中生物种类越多，多样性指数值越大，水质越好；反之，种类越少则水质越差。

（1）以浮游植物多样性指数来评价水质。蠡湖的浮游植物多样性指数 2007 ~ 2010 年分别为 1.434、1.188、1.765 和 1.808（表 6-6），依据评价标准（表 2-5），逐年提高的变化可看出水质已逐渐好转。由图 6-22 可见，2007 年和 2008 年全年水质为中等污染；2009 年水质逐月好转，到 9 月和 10 月为轻度污染，一直延续到 2010 年的 6 月，因 7 月开闸引入太湖水后水质又下降，到 10 月才转好，与蠡湖水质

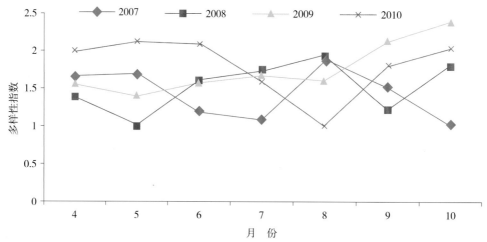

图 6-22　2007 ~ 2010 年浮游植物多样性指数的对比

Fig. 6-22　Comparison of phytoplankton diversity index (2007–2010)

监测相适应。

（2）以 2009 年 5 月至 2010 年 6 月的着生藻类多样性指数来评价水质。因全年处于 2 ＜多样性指数＜ 3（表 6-10），表明水环境为轻度污染，显示蠡湖水质的好转。

（3）以底栖生物的多样性指数来评价水质。虽然放流鲢、鳙为中上层鱼类，未放流其他鱼类，理论上对底栖生物影响应该不大，但实际上依据 2007 ～ 2010 年蠡湖的底栖生物群落采样数据计算得到的多样性指数看，2007 ～ 2010 年分别为 0.866、0.843、1.556 和 1.353（表 6-16），逐年提高的变化也可看出水质已逐渐好转。依据评价标准，由图 6-23 可见，2007 年 4 ～ 8 月的多样性指数＜ 1.0，水质为严重污染，9 ～ 10 月为中等污染；2008 年放流鲢、鳙后，因有大量增加水体氮、磷的排泄物进入和鱼类群体活动而使底栖生物的多样性出现较大波动，9 ～ 10 月为中等污染；2009 年和 2010 年的多样性指数显示全年水质为中等污染，而 2010 年 8 月为最差，与水质实测值相呼应。底栖生物多样性的变化表明水域生态在逐步修复。

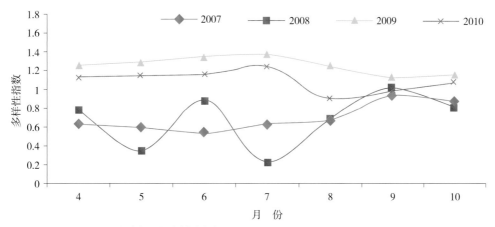

图 6-23　2007 ～ 2010 年底栖生物多样性变化对比

Fig. 6-23　Comparison of benthos diversity index (2007–2010)

6.5.2　用生物指示种对水质评价

藻类的种群结构和污染指示种是湖泊营养型评价的重要参数，藻类的污染指示种类和数量在一定程度上可直接反映出环境条件的改变和水体的营养状况。湖泊有机污染程度的浮游生物指示种通常分为重污（ps）、重中污（α –）、中污（β –）和微污（os）4 种，但很多种类实际上处于中 – 富型（α – β –）。

（1）硅藻指示种的变化：作为指示生物的硅藻，有非耐污染性 A 种和耐污染性 B 种。2007 ～ 2010 年监测到蠡湖硅藻中非耐污染性 A 种出现有 14 种，耐污染性

B 种出现有 12 种（表 6-18）。由表可见，2007 年出现的非耐污染性 A 种和耐污染性 B 种均最多，放流鲢、鳙后到的 2010 年，出现的非耐污染性 A 种逐渐恢复到出现 7 种，而耐污染性 B 种却出现得最少，仅为 3 种，表明了水质有好转。

表 6-18　2007～2010 年蠡湖出现的硅藻指示种
Table 6-18　Bacillariophyta indicator in Lihu Lake (2007-2010)

硅藻指示种	2007 年	2008 年	2009 年	2010 年
非耐污染性 A 种	普通等片藻			
	短线脆杆藻		短线脆杆藻	短线脆杆藻
	钝脆杆藻			
				脆杆藻
	尖针杆藻	尖针杆藻		
	螺旋颗粒直链藻		螺旋颗粒直链藻	螺旋颗粒直链藻
	意大利直链藻	意大利直链藻		
			颗粒直链藻	颗粒直链藻
	近小头羽纹藻			
	缢缩异极藻			
	曼尼小环藻	曼尼小环藻	曼尼小环藻	曼尼小环藻
			尖布纹藻	
				扇形藻
				斑纹窗纹藻
合计种数	9	3	5	7
耐污染性 B 种	扁圆卵形藻	扁圆卵形藻		
	椭圆舟形藻			
	圆环舟形藻			
	尖头舟形藻			
	隐头舟形藻	隐头舟形藻		
	短小舟形藻	短小舟形藻	短小舟形藻	短小舟形藻
	间断羽纹藻			
	近缘桥弯藻			
	微细异极藻			微细异极藻 β
	短小曲壳藻			
			美丽星杆藻	美丽星杆藻
			卵圆双眉藻	
合计种数	9	3	3	3

（2）各污染带生物指示种的变化：4 年内监测到的各类指示种有 69 种，其中属于 α-ms（重污）的有 20 种、α-β-ms（中-富）的 19 种、β-ms（中污）的 22 种、os（微污）的 8 种（表 6-19）。

表 6-19　2007 ~ 2010 年污染指示种
Table 6-19　Species of saprobic indicator (2007-2010)

污染类型	种 数	指 示 藻 类
α-ms	20	小球藻、十字藻、四刺顶棘藻、单棘四星藻、小颤藻、螺旋鞘丝藻、束缚色球藻、针关蓝纤维藻、微小平裂藻、铜绿微囊藻、水华微囊藻、卷曲鱼腥藻、水华鱼腥藻、美丽颤藻、两栖颤藻、小席藻、啮蚀隐藻、卵形隐藻、鱼形裸藻、梨形扁裸藻
α-β-ms	19	卵形衣藻、镰形纤维藻、狭形纤维藻、弓形藻、细丝藻、尖细栅藻、巨颤藻、污泥颤藻、美丽星杆藻、尖针杆藻、湖生卵囊藻、小型卵囊藻、单生卵囊藻、隐头舟形藻、微细异极藻、间断羽纹藻、近缘桥弯藻、短小曲壳藻、卵圆双眉藻
β-ms	22	纤细月牙藻、四尾栅藻、微小新月藻、空球藻、实球藻、集星藻、短棘盘星藻、普通等片藻、钝脆杆藻、短线脆杆藻、圆环舟形藻、短小舟形藻、尖头舟形藻、隐头舟形藻、椭圆舟形藻、颗粒直链藻、意大利直链藻、螺旋颗粒直链藻、扁圆卵形藻、梭形裸藻、尾扁裸藻、角甲藻
os	8	曼尼小环藻、尖布纹藻、近小头羽纹藻、缢缩异极藻、扇形藻、斑纹窗纹藻、圆筒锥囊藻、小型黄丝藻
合计	69	

由于季节不同出现的藻类也不同，有的只在冬季出现，而且 4 年内监测月又不尽同步，因此仅以 2007 ~ 2010 年 4 ~ 10 月的各藻种中出现的污染指示种来表达（表 6-20）。

表 6-20　2007 ~ 2010 年各藻类中出现的污染指示种
Table 6-20　Saprobic indicator of different Phylum (2007-2010)

污染类型	指 示 藻 类			
	2007 年	2008 年	2009 年	2010 年
α-ms	小球藻，++++	梨形扁裸藻，++		梨形扁裸藻，+
	四刺顶棘藻，+	小席藻，++	小席藻，++++	小席藻，+
	十字藻，++	小球藻，+++	小球藻，++	小球藻，+++
	单棘四星藻，+	十字藻，++	四刺顶棘藻，+	四刺顶棘藻，+++
	束缚色球藻 +++		十字藻，+++	十字藻，++++
			单棘四星藻，+	单棘四星藻，+
			微小平裂藻，++++	

（续表）

污染类型	指 示 藻 类			
	2007 年	2008 年	2009 年	2010 年
α –ms	铜绿微囊藻，+++	铜绿微囊藻，+++	铜绿微囊藻，++++	铜绿微囊藻，++++
		水华微囊藻++		
	水华鱼腥藻，+			
	卷曲鱼腥藻，+++	卷曲鱼腥藻，++		
	两栖颤藻，+++		两栖颤藻，+++	两栖颤藻，+++
	小颤藻，+++			
	美丽颤藻，+++	美丽颤藻，+++	美丽颤藻，+++	美丽颤藻，+++
	啮蚀隐藻，++		啮蚀隐藻++	
	卵形隐藻，++++	卵形隐藻，++++	卵形隐藻，++++	卵形隐藻，++++
小计	13	9	11	10
α – β –ms			美丽星杆藻，+	美丽星杆藻，+
		尖针杆藻，+++	尖针杆藻，++++	尖针杆藻，++++
	狭形纤维藻，+		狭形纤维藻，+	
	卵形衣藻，+		卵形衣藻，+	
		尖细栅藻，+		尖细栅藻，+
	弓形藻，++		弓形藻，+	
			细丝藻，+	
	湖生卵囊藻，++++	湖生卵囊藻，++++	湖生卵囊藻，++++	湖生卵囊藻，++++
	小型卵囊藻，+++			
	单生卵囊藻，+		单生卵囊藻，+	单生卵囊藻，+
				微细异极藻，+
	污泥颤藻，+++	污泥颤藻，++	污泥颤藻，++++	污泥颤藻，+++
		巨颤藻，+++	巨颤藻，++	巨颤藻，++++
	近缘桥弯藻，+			
			卵圆双眉藻，+	
小计	8	5	11	8
β –ms		集星藻，+	集星藻，+++	集星藻，+++
			空球藻，+	
	实球藻，+++	实球藻，+	实球藻，++	实球藻，+++
			短棘盘星藻，+	

（续表）

污染类型	指 示 藻 类			
	2007 年	2008 年	2009 年	2010 年
β –ms	四尾栅藻，++++	四尾栅藻，++++	四尾栅藻，++++	四尾栅藻，++++
	纤细月牙藻，+++	纤细月牙藻，++		
			微小新月藻，+	微小新月藻，+++
	扁圆卵形藻，+			
	钝脆杆藻，+++			脆杆藻，+++
	短线脆杆藻，+		短线脆杆藻，++	短线脆杆藻，+
	螺旋颗粒直链藻，++		螺旋颗粒直链藻，+	螺旋颗粒直链藻，+
	意大利直链藻 ++++	意大利直链藻，++		
			颗粒直链藻，++	颗粒直链藻，+++
	圆环舟形藻，+			
	尖头舟形藻，+			
	短小舟形藻，+++	短小舟形藻，++++	短小舟形藻 ++++	短小舟形藻 ++
			尾扁裸藻，++	尾扁裸藻，+
	角甲藻，+++	角甲藻，+	角甲藻，+++	角甲藻，+++
小计	12	7	12	11
os	小型黄丝藻，+			小型黄丝藻，+
			尖布纹藻，+	
			曼尼小环藻 ++++	曼尼小环藻，++++
				扇形藻，+
				斑纹窗纹藻，+++
小计	1	0	2	4

注：表内出现率的表达为：+（1 个月）；++（2 个月）；+++（3～4 个月）；++++（多于 5 个月）。

在 2007～2010 年 4～10 月初步鉴定出的藻类指示种见表 6-21。由表可见，4 年内出现的各指示种比例相近，但 2010 年对比 2007 年出现的重污种下降了 23.1%；而微污的指示种增至了 4 种。从全局看，代表中污的指示种比例最高。

蠡湖指示水质污染的藻类 4 年内有较为明显的变化。首先是 2007 年曾监测到的代表重污指示种的螺旋鞘丝藻、鱼形裸藻、小颤藻、束缚色球藻、针状蓝纤维藻、水华鱼腥藻和间断羽纹藻，在 2008～2010 年均未监测到，但 2008 年却监测到重污指示种梨形扁裸藻、小席藻、微小平裂藻和水华微囊藻。微污的指示种在 2007 年只

表 6-21　2007 ~ 2010 年各污染指示种占当年藻类数的百分比

Table 6-21　Proportion of saprobic indicator species accounting for the total algae (2007-2010)

年份	藻类总种数	指示种数	α -ms		α - β -ms		β -ms		os	
			指示种	占总种数百分比（%）	指示种	占总种数百分比（%）	指示种	占总种数百分比（%）	指示种	占总种数百分比（%）
2007	122	34	13	10.7	8	6.6	12	9.8	1	0.8
2008	65	21	9	13.8	5	7.7	7	10.8	0	0
2009	65	36	11	16.9	11	16.9	12	18.5	2	3.1
2010	58	33	10	17.2	8	13.8	11	19.0	4	6.9

监测到小型黄丝藻一种，而 2009 ~ 2010 年却监测到有尖布纹藻、曼尼小环藻、扇形藻和斑纹窗纹藻等多种。这充分表明了蠡湖水质的好转，也说明放流鲢、鳙能净化水质。

（3）底栖生物指示种的变化：蠡湖的底栖生物污染指示种的种类主要是粗腹摇蚊幼虫、羽摇蚊幼虫和颤蚓，其中水生昆虫中的粗腹摇蚊幼虫是中污指示种，羽摇蚊幼虫是重污指示种，颤蚓也是重污指示种。表 6-22 是水生昆虫的数量变化，2007 ~ 2009 年中污指示种与重污指示种的比值达到由 0.24∶1 到 2.72∶1，表明水质大大好转。2010 年的情况较费解，在 4 ~ 6 月，中污指示种与重污指示种的比值尚在（2.4 ~ 2.6）∶1 的状态，到 8 月因水温较高、溶解氧浓度和透明度低等因素可能导致羽摇蚊幼虫数量剧增、粗腹摇蚊幼虫剧减，且到 10 月都是重污指示种羽摇蚊幼虫数量居多。

表 6-22　2007 ~ 2010 年水生昆虫的污染指示种

Table 6-22　Saprobic indicator of aquatic insect (2007-2010)

年份	中污指示种粗腹摇蚊幼虫（个）	重污指示种羽摇蚊幼虫（个）	中污指示种∶重污指示种
2007	46.0	189.5	0.24∶1
2008	79.8	110.5	0.72∶1
2009	626.1	229.9	2.72∶1
2010	557.2	669.0	0.83∶1

6.5.3　用底栖生物的生物指数法评价水质

2007 ~ 2010 年底栖生物的 Beck 生物指数（BI）计算结果均为 3，按评价标准表明属于中等有机污染。用底栖动物 Goodnight 指数计算结果（表 6-23），2007 ~ 2010 年分别为 44.5%、59.1%、25.1% 和 24.6%。按评价标准为微污水。

表 6-23　2007 ~ 2010 年 Goodnight 指数对比
Table 6-23　Comparison of Goodnight index (2007–2010)

名　　称	2007 年	2008 年	2009 年	2010 年
颤蚓类（ind）	189.1	315.6	287.4	320.8
底栖生物总数（ind）	424.6	533.4	1 143.5	1 305.0
Goodnight 指数（%）	44.5	59.1	25.1	24.6

6.6　优化调控效果小结

实施净水渔业技术后，蠡湖的水生态有所好转。若以生物多样性衡量蠡湖水域的生物资源丰富程度、评价群落中种类组成的稳定程度及其数量分布均匀程度和群落组织结构特征，并以指数值作为描述群落演替方向、速度和稳定程度的指标来分析。

一是，蠡湖从养殖型湖泊转为天然湖泊后，小型肉食性鱼类青梢红鲌、湖鲚及杂食性鱼类鲤、鲫成优势群落。放流了滤食性的鲢、鳙，稳定了食物网结构，也促使蠡湖鱼类多样性的相对稳定。按 Shannon–Wiener 多样性指数的等级评价，由原Ⅲ级的"较好"上升为Ⅳ级的"丰富"。

二是，通过对 4 年的浮游植物、浮游动物的多样性指数监测，都由Ⅱ级的多样性"一般"上升为"较好"，同时表明放流鲢、鳙对浮游生物影响不大。

三是，湖泊中的藻类污染指示种的种类和数量，在一定程度上可直接反映出环境条件的改变和水体营养状况。实施净水渔业后，污染指示种种类减少25%、富营养型的污染指示种减少30.8%，均表明了鲢、鳙的净水作用。

四是，底栖生物的多方面评价证实2007 ~ 2008 年 4 ~ 8 月污染较严重，而在2009 ~ 2010 年则全年的指数都介于 1.0 ~ 2.0，表明水质转为中等污染；以不同的底栖生物生物指数法计算，均表明属于中等污染水体，蠡湖水质确有好转。

附表

附表一 2007～2010 年检测到的浮游植物名录

类　　别	2007 年	2008 年	2009 年	2010 年
绿藻门（Chlorophyta）				
小球衣藻 (*Chlamydomonas microsphaera* Pasch. et Jah.)	++	++	+++	
球衣藻 (*Chlamydomonas globosa* Snow)	+			
卵形衣藻 (*Chlamydomonas ovalis* Pasch.)	+++	++	+++	+++
斯诺衣藻 (*Chlamydomonas snowiae* Printz.)		+++		+++
小球藻 (*Chlorella vulgaris* Beij.)	++++	++++	+++	++++
椭圆小球藻 (*Chlorella ellipsoidea* Gren.)	+++			
镰形纤维藻 [*Ankistrodesmus falcatus* (Cord.) Ralfs]	+	+	++	
镰形纤维藻奇异变种 (*Ankistrodesmus falcatus* Var. mirabilis G. S. West)	+++	++	+	++++
针形纤维藻 [*Ankistrodesmus acicularis* (A. Br.) Korsch.]	++++	++++	++++	++++
卷曲纤维藻 (*Ankistrodesmus convolutes* Cord.)	+++	+		
狭形纤维藻 (*Ankistrodesmus angustus* Bern.)	++		+	
弓形藻 (*Schroederia setigera* Lemm.)	++		+	
硬弓形藻 (*Schroederia robusta* Korsch Korsch.)	++++	++++	++++	++++
螺旋弓形藻 [*Schroederia spiralis* (Pintz) Korsch.]	+++			+++
拟菱形弓形藻 [*Schroederia nitzschioides* (West.) Korsch.]	++++	+++	+++	++++
美丽胶网藻 (*Dictyosphaerium pulchellum* Wood.)	++			
蹄形藻 [*Kirchneriella lunaris* (Kirch.) Moeb.]	+			
月牙藻 (*Selenastrum bibraianum* Reinsch.)	+			
小型月牙藻 [*Selenastrum minutum* (Näg.) Coll.]	+++	++		+
端尖月牙藻 (*Selenastrum westii* G. M. Smith.)	+			
纤细月牙藻 (*Selenastrum gracile* Reinsch.)	+++	++		
盘星藻 [*Pediastrum clathratum* (Schroeter) Lemm.]	++			
双射盘星藻 (*Pediastrum biraditum* Mey.)	+	+		
单角盘星藻 [*Pediastrum simplex* (Mey.) Lemm.]	+			
单角盘星藻具孔变种 [*Pediastrum simplex* var. *duodenarium* (Bail.) Rabenh.]	++++	++++		++

（续表）

类　　别	2007 年	2008 年	2009 年	2010 年
四角盘星藻 [*Pediastrum tetras* (Her.) Ralfs]	+	+		
四角盘星藻四齿变种 [*Pediastrum tetras* var. tetraodon (Cord.) Rhb.]				+
二角盘星藻纤细变种 (*Pediastrum duplex* var. gracillimum W. et G. S. West)	++	+	+	
短棘盘星藻 [*Pediastrum boryanum* (Turp.) Men.]			+	
三叶四角藻 [*Tetraedron trilobulatum* (Reinsch.)]				
三角四角藻 [*Tetraedron trigonum* (Näg.) Hansg.]				
韦氏藻 [*Westella botryoides* (W. West) wild.]	++			
实球藻 [*Pandorina morlzm* (Muell.) Bory.]	++++	+	++	+++
空球藻 (*Eudorina elegans* Ehr.)			+	
单棘四星藻 [*Tetrastrum hastiferum* (Arn.) Korsch.]	++		+	+
短刺四星藻 [*Tetrastrum staurogeniae forme* (Schr.) Lemm.]	+++	++	+++	++++
被甲栅藻 [*Scenedesmus armatus* (Chod.) Smith]	++			
斜生栅藻 [*Scenedesmus obliquus* (Turp.) Kütz.]	++	+		
双对栅藻 [*Scenedesmus bijugatus* (Turp.) Lag.]	++	++		+
齿牙栅藻 (*Scenedesmus denticulatus* Lag.)	++			
爪哇栅藻 (*Scenedesmus javaensis* Chod.)	+			
弯曲栅藻 (*Scenedesmus arcuatus* Lemm.)		++	+	
二形栅藻 [*Scenedesmus dimorphus* (Turp.) Kütz.]	+	+++		
四尾栅藻 [*Scenedesmus quadricauda* (Turp.) Breb.]	++++	++++	++++	++++
尖细栅藻 [*Scenedesmus acuminatus* (Lag.) Chod.]		+		+
鼻形鼓藻 (*Cosmarium nastutum* Nordst.)	+			
平顶顶接鼓藻 [*Spondylosium planum* (Woll.) W. et G. S. West]			+	
四刺顶棘藻 (*Chodatella quadriseta* Lemm.)	++		++	++
十字顶棘藻 [*Chodatella wratislaviensis* (Schr.) Ley.]	+			
异形藻 (*Dysmorphococcus variabilis* Tak.)	+			
集球藻 [*Palmellococcus Chodat* (Kütz.) Chod.]	+			
集星藻 (*Actinastrum hantzschii* Lag.)	+	+	+++	+++
小型平藻 (*Pedinomonas minor* Korsch.)	+++	+++	+++	

（续表）

类　别	2007 年	2008 年	2009 年	2010 年
细丝藻 [*Ulothrix tenerrima* (Kütz.) Kütz.]	++		+	
环丝藻 [*Ulothrix zonata* (Web. et Mohr) Kütz.]	++			
长绿梭藻 (*Chlorogonium elongatum* Dang.)	+++	+	+++	++
湖生卵囊藻 (*Oocystis Lacustris* Chod.)	++++	++++	++++	++++
小型卵囊藻 (*Oocystis parva* E. et G. S. West)	++			
单生卵囊藻 (*Oocystis solitaria* Wittr.)	+			+
纤细新月藻 (*Closterium gracile* Breb.)	+			
小新月藻 (*Closterium venus* Kütz.)	++	+	+	
微小新月藻 (*Closterium parvulum* Näg.)			+	+++
十字藻 [*Crucigenia apiculata* (Lemm.) Schm.]	+++	+	++	++++
四角十字藻 (*Crucigenia quadrata* Morr.)	+++	+++		++
四足十字藻 [*Crucigenia tetrapedia* (Kirch) W. et G. S. West]	+++	+	+++	
华美十字藻 (*Crucigenia lauterbornei* Schm.)	+			
粗肾形藻 (*Nephrocytium obesum* West.）				+
纺锤藻 (*Elakatothrix gelatinosa* Wille.)	++	+		
并联藻 [*Quadrigula chodatii* (Tan-Ful.) G. M. Smith]	++		+++	++
三角四角藻 [*Tetraedron trigonum* (Näg.) Hansg.]			+	+++
三叶四角藻 [*Tetraedron trilobulatum* (Reinsch.)]		+	+	
计种数　71	58	34	32	28

蓝藻门（Cyanophyta）

类　别	2007 年	2008 年	2009 年	2010 年
螺旋鞘丝藻 (*Lyngbya contarata* Lemm.)	+			
小型色球藻 [*Chroococcus minor* (Kütz.) Näg.]	+++			
微小色球藻 [*Chroococcus minutus* (Kütz.) Näg.]	++++	++++	+++	
束缚色球藻 [*Chroococcus tenax* (Kirch.) Hier.]	++			
小席藻 [*Phorimidium tenus* (Menegh) Gom.]	+	++	++++	+
针状蓝纤维藻 (*Dactylococcopsis Acicularis* Lemm.)	+			
针晶蓝纤维藻 (*Dactylococcopsis rhaphidioides* Hansg)	+			
针晶蓝纤维藻镰刀型 (*Dactylococcopsis acicularis* f. *falciformis* Printz.)	+++	++	+	+++
微小平裂藻 (*Merismopedia tenuissima* Lemm.)		++	++++	+++
铜绿微囊藻 (*Microcystis aeruginisa* Kütz.)	+++	++++	++++	++++

（续表）

类　　别	2007 年	2008 年	2009 年	2010 年
水华微囊藻 [*Microcystis flos-aquae* (Wittr.) Kirchn.]		++		
具缘微囊藻 [*Microcystis marginata* (Monegh) Kütz.]	+			
美丽颤藻 (*Oscillatoria formossa* Bory.)	++++	+++	+++	+++
两栖颤藻 (*Oscillatoria amphibia* Ag.)	+++		+++	+++
小颤藻 (*Oscillatoria tenuis* Ag.)	+++			
污泥颤藻 (*Oscillatoria limosa* Ag.)	+++	++	++++	+++
巨颤藻 (*Oscillatoria princeps* Vauch.)		+++	++	+++
清净颤藻 [*Oscillatoria sancta* (Kirch.) Gom.]			+	
水华鱼腥藻 [*Anabaena flos-aquae* (Lyngb.) Breb.]	+		++++	++++
卷曲鱼腥藻 (*Anabaena circinalis* Rab.)	+++	++		
顿顶螺旋藻 [*Spirulina platensis* (Nordst.) Geitl.]	+			
极大螺旋藻 (*Spirulina maxima* Setch. et Gardn)	+		+	
计种数	22	18	9	12	9

硅藻门（Bacillariophyta）

类　　别	2007 年	2008 年	2009 年	2010 年
钝脆杆藻 (*Fragilaria capucina* Desm.)	++++			+++
短线脆杆藻 (*Fragilaria brevistriata* Grun.)	+		++	+
尖针杆藻 (*Synedra acus* Kütz.)	++	++++	++++	++++
放射针杆藻变种 (*Synedra berolineasis* Lemmerman）		++	+	
偏凸针杆藻 (*Synedra vaucheriae* Kütz.)	++		+	
梅尼小环藻 (*Cyclotella meneghiniana* Kütz.)	+	++	++++	++++
普通等片藻 (*Diatoma vualgare* Bory.)	+			
圆环舟形藻 (*Navicula placenta* Ehr.)	+			
隐头舟形藻 (*Navicula cryptocephala* Kütz.)	+	+		
短小舟形藻 [*Navicula exigua* (Grey.) Müll.]	+++	++++	++++	++
椭圆舟形藻 (*Navicula schoenfeldii* Hust.)	+			
尖头舟形藻 (*Navicula cuspidada* Kütz.)	+			
瞳孔舟形藻矩形变种 [*Navicula pupula* var. *rectangularis* (Greg.) Grun.]	+			
颗粒直链藻最窄变种 (*Melosira granulata* var. *angustissima* Müll.)		+	++	
意大利直链藻 (*Melosira italica*)	++++	++	+	
螺旋颗粒直链藻 (*Melosira granulate* var. *angustissima* f. *spiralis* Hust.)	++		+	+

（续表）

类　别	2007 年	2008 年	2009 年	2010 年
颗粒直链藻 [*Melosira granulate* (Ehr.) Rafls]			++	+++
湖沼圆筛藻 (*Coscinodiscus lacustris* Grun.)	++++	++++		
近小头羽纹藻 (*Pinnularia subcapitata* Greg.)	+			
间断羽纹藻 (*Pinnularia interrupta* W. Smith.)	+			
楔形藻 (*Licmophora gracilis*)	+			
微细异极藻 [*Gomphonema parvulum* (Kütz.) Grun.]	+			+
缢缩异极藻 (*Gomphonema constrictum* Ehr.)	+			
窄异极藻延长变种 (*Gomphonema angustatum* var. *producta* Grun.)	+			
短小曲壳藻 (*Achnanthes exigua* Grun.)	+			
扁圆卵形藻 [*Cocconeis placeentula* (Ehr.) Hust.]	+	+		
尖布纹藻 [*Gyrosigma acuminatum* (Kütz.) Rabenh.]			+	
美丽星杆藻 (*Asterionella Formosa* Hass.)			++	+
近缘桥弯藻 (*Cymbella affinis* Kütz.)	+			
扇形藻 (*Meridion*)				+
斑纹窗纹藻 [*Epithemia zebra* (Ehr.) Kütz.]				+++
卵圆双眉藻 (*Amphora ovalis* Kutzing)			+	
计种数	32	24	9	13	11

隐藻门（Cryptophyta）

啮蚀隐藻 (*Cryptomonas erosa* Ehr.)	+++		++	
卵形隐藻 (*Cryptomonas ovata* Ehr.)	++++	++++	++++	++++
长形蓝隐藻 (*Chroomonas oblonga*)	+			
尖尾蓝隐藻 (*Chroomonas acuta* Uterm.)	++++	++++	++++	++++
赖隐藻 (*Cyanomonas reflexa*)			++	
蓝隐藻 (*Chroomonas unamacula*)				+
兰胞藻 (*Cyanomonas curvata*)			+	
杯胞藻 (*Cyathomonas truncate* Fres.)	+			
计种数	8	5	2	5	3

裸藻门（Euglenophyta）

光滑壶藻 (*Urceolus gobii* Skv. Emend.)	+			
椭圆磷孔藻 (*Lepocinclis steinii* Lemm. em. Conr.)	++			
具棘磷孔藻 (*Lepocinclis horrida* Jao. et Lee)	+			
平滑磷孔藻 [*Lepocinclis teres* (Schmitz) France.]	+	+		

（续表）

类　别	2007 年	2008 年	2009 年	2010 年
卵形磷孔藻卵圆变种 (*Lepocinclis ovum* var. *ovata* Swir.)	+			
纺锤鳞孔藻 [*Lepocinclis fusiformis* (Cart) Lemm. em. Conr.]		++		
秋鳞孔藻 (*Lepocinclis autumnalis* Chu.)		+		
梨形裸藻 (*Euglena pyriformis*)		+		
尖尾裸藻 (*Euglena oxyuris* Schmar.)	+	+	++	+++
鱼形裸藻 (*Euglena pisciformis* Klebs.)	+			
膝曲裸藻 (*Euglena geniculata* Duj.)	+++			
梭形裸藻 (*Euglena acus* Ehr.)	+			
旋纹裸藻 (*Euglena spirogyra* Ehrenb.)		+		
尾裸藻 (*Euglena caudata* Hübn.)		+	++	
长梭囊裸藻 (*Trachelomonas nadsoni* Skv.)				+
颤动扁裸藻 (*Phacus oscillans* Klebs.)	++	++	+	
敏捷扁裸藻 (*Phacus agilis* Skuja.)	+			
三棱扁裸藻 [*Phacus tirqueter* (Ehr.) Duj.]	+	+		+
扭曲扁裸藻 [*Phacus tortus* (Lemm.) Skv.]	++			
圆柱扁裸藻 (*Phacus cylindrus* Pochm.)	+			
梨形扁裸藻 [*Phacus pyrum* (Ehr.) Stein.]		++		+
尾扁裸藻 (*Phacus caudatus* Hubn.)			++	+
计种数	22	14	10	4	5

甲藻门（Pyrrophyta）

角甲藻 [*Ceratium hirundinella* (Müll.) Schr.]	+++	+	+++	+++
带多甲藻 (*Peridinium zonatum* Playf.)	+			
计种数	2	2	1	1	1

黄藻门（Xanthophyta）

小型黄丝藻 [*Tribonema minus* (Will.) Haz.]	++			+
钝角绿藻 [*Goniochloris mutica* (Br.) Fott.]	++++	++++	+++	
计种数	2	2	1	1	1

金藻门（Chrysophyta）

圆筒锥囊藻 (*Dinobryon cylindricum* Imh.)	+			
变形棕鞭藻 (*Ochromonas Nodnbilis* Klebs.)			++	
计种数	2	1	1	

注：表内出现率的表达为：＋（1 个月）；＋＋（2 个月）；＋＋＋（3～4 个月）；＋＋＋＋（多于 5 个月）。

附表二 2007 ~ 2010 年检测到的浮游动物名录

类　别	2007 年	2008 年	2009 年	2010 年
桡足类（Copepoda）				
无节幼体	++++	++++	++++	++++
汤匙华哲水蚤 (*Sinocalanus dorrii* Brehm.)	++++	++++	++++	++++
英勇剑水蚤 (*Cyclops strenuus* Fischer)	++++	++++	++++	++++
猛水蚤 (*Harpacticussp*)				+
指状许水蚤 (*Schmacheria inopinus* Burckhardt)		++++	++++	++++
锥肢蒙镖水蚤 (*Mongolodiaptomus birulai* Rylov.）	+++	+		
计种数	6	4	5	4	5
枝角类（Cladocera）				
短尾秀体溞 (*Diaphanosoma brachyurum* Lieven.)				+++
长肢秀体溞 (*Diaphanosoma leuchtenbergianum* Fischer)	++++	++++	++++	++++
多刺秀体溞 (*Diaphanosoma sarsi* Rishard)			++	
长额象鼻溞 (*Bosmina longirostris* O. F. Müller)	++++	++++	++++	++++
僧帽溞 (*Daphnia cucullaa* Sars)	++++	++++	++++	++++
大洋洲壳腺溞 (*Latonopsis australis* Sars)	+			
隆线溞 (*Daphnia carinata* King)			+	
溞状溞 (*Daphnia pulex* Leydig emend Scourfield)	+++		+	+
长刺溞 (*Daphnia longis pina* O. F. Müller)			+	
龟状笔纹溞 (*Graptoleberis testudinaria* Fischer)	+		+	
圆形盘肠溞 (*Chydorus sphaericus* O. F. Müller)	+			
近亲裸腹溞 (*Moina affinis* Birge.)	+++	+++	++++	++++
微型裸腹溞 (*Moina micrura* Kurz.)	+	++++		+
直额裸腹溞 (*Mrectirostris* Leydig.)			+	+
方形网纹溞 (*Ceriodaphnia quadrangular* O. F. Müller)	++++	++++	++++	++++
棘爪网纹溞 (*Ceriodaphnia reticulata* Jurine)	++++			
宽尾网纹溞 (*Ceriodaphnia laticaudata* P. E. Müller)	+++			+
棘体网纹溞 (*Ceriodaphnia setosa* Matile)	++			
方形尖额溞 (*Alona quadrongularis* O. F. Müller)	+			
尖额溞 (*Alona quadrangularis*)			+++	
点滴尖额溞 (*Alona guttata* Sars)	+			

（续表）

类　　别	2007 年	2008 年	2009 年	2010 年
枝角类（Cladocera）				
透明薄皮溞 (*Leptodora Kindti* Focke)	+++	+++	++	+++
老年低额溞 (*Simocephalus vetulus* O. F. Müller)			+	
计种数	16	7	14	11
轮虫类（Rotifera）				
臂三肢轮虫 (*Filinia brachiata*)	+			
尾三肢轮虫 (*Filinia major* Golditz)	++++	+++	+++	
长三肢轮虫 (*Filinia longiseta* Ehrenberg)	+++	+++	++++	
角三肢轮虫 (*Filinia cornuta*)	+			
长肢多肢轮虫 (*Polyarthra dolichoptera*)	++++	++++		+++
长足疣毛轮虫 (*Synchaeta longies*)	+			
盖氏晶囊轮虫 (*Asplachna girodi* de. Guerne)	++			+
前节晶囊轮虫 (*Asplachna priodonta* Gosse)	++++	++++	++++	+++
螺形龟甲轮虫 (*Keratella cochlearis* Gosse)	++++	++++	++++	++
矩形龟甲轮虫 (*Keratella quadrata* O. F. Müller)	++++	++++	++++	++
曲腿龟甲轮虫 (*Keratella valga* Ehrenberg)	++++	++++	++++	+++
缘板龟甲轮虫 (*Keratella ticinensis*)	+++			
角突臂尾轮虫 (*Brachionus anguiaris* Gosse)	++++	++++	++++	
壶状臂尾轮虫 (*Brachionus urceus* Linnaeus)	+++	+		
尾突臂尾轮虫 (*Brachionus caudatus*)	+++	++	++	
萼花臂尾轮虫 (*Brachionus caiyciflorus* Pallas.)	++++	++++	++++	+
剪形臂尾轮虫 (*Brachionus forficula* Wierzejski.)	+++	++	++	
可变臂尾轮虫 (*Brachionus variabilis* Hempel.)	++	++		
镰状臂尾轮虫 (*Brachionus falcatus* Zacharias.)	+	+	+	
裂足臂尾轮虫 (*Brachionus diversicornis* Daday.)	++		+++	
矩形臂尾轮虫 (*Brachionus leydigi* Cohn.)		+++		
多突囊足轮虫 (*Asplanchnopus multiceps* Schrank)	+			
跃舞无柄轮虫 (*Ascomorpha saltans* Barsch)	+	+++		
奇异六腕轮虫 (*Hexarthra mira*)	++++	++++	+++	+
梭状疣毛轮虫 (*Synchaeta stylata* Ehrenberg)	+			
钩状狭甲轮虫 (*Colurella uncinata* O. F. Müller)		+		

（续表）

类　别	2007 年	2008 年	2009 年	2010 年
轮虫类（Rotifera）				
双尖钩状狭甲轮虫 (*Colurella uncinata forma bicuspidata* Ehrenberg)	+			
棒状水轮虫 (*Epiphanes clavulatus* Ehrenberg)	+			
等刺异尾轮虫 (*Trichocerca similis*)	++			
纵长异尾轮虫 (*Trichocerca elongata* Gosse)		+		
半圆鞍甲轮虫 (*Lepadella apsida* Harring)	+			
卵形鞍甲轮虫 (*Lepadella ovalis* Müller)			+	
凸背巨头轮虫 (*Cephalodella gibba* Ehrenberg)		+		
大肚须足轮虫 (*Euchlanis dilatata* Ehrenberg)			+	
聚花轮虫 (*Conochilus unicornis*)			+	
独角聚花轮虫 (*Conochilus unicornis* Rousselet)				+
简单前翼轮虫 (*Proales simplex* Wang)		+		
尖角单肢轮虫 (*Monostyla hamate* Stokes)		+		
计种数	38	28	22	16	9

注：表内出现率的表达为：+（1 个月）；++（2 个月）；+++（3 ～ 4 个月）；++++（多于 5 个月）。

附表三　2007 ～ 2010 年检测到的底栖生物名录

类　别	2007 年	2008 年	2009 年	2010 年
水生昆虫（Aquatic insecta）				
粗腹摇蚊幼虫 (*Pelopia*)	++++	++++	++++	++++
羽摇蚊幼虫 (*Chironomus* gr. plumosus Linn.)	++++	++++	++++	++++
淡水寡毛类（Freshwater oligochaeta）				
中华颤蚓 (*Tubifex sinicus* Chen.)	++++	++++	++++	++++
软体动物（Mollusk）				
中华圆田螺 [*Cipangopaludina chinensis* (Heude)]			*	
梨形环棱螺 [*Bellamya purificata* (Heude)]		*		
河蚬 [*Corbicula fluminea* (Müller)]		*		
幼蚌		*		

注：用彼得逊采泥器（面积为 1/16m²）采样；仅在敞水区与水质、浮游生物同点监测；软体动物各种类均仅采集到 1 个。

参考文献

[1] 伍献文，等. 五里湖1951年湖泊学调查 [C]. 水生生物学集刊，1962，（1）：63–113.

[2] 中科院南京地理研究. 太湖综合调查初步报告 [C]. 北京：科学出版社，1965.

[3] 顾岗，陆根法. 太湖五里湖水环境综合整治的设想 [J]. 湖泊科学，2004，16（1）：56–60.

[4] 李文朝，杨清心，周万平. 五里湖营养状况及治理对策探讨 [J]. 湖泊科学，1994，6（2）：136–143.

[5] 朱喜，张扬文. 五里湖水污染治理现状及继续治理对策 [J]. 水资源保护，2009，25（1）：86–89.

[6] 罗清吉，石浚哲. 五里湖淤泥现状及生态清淤 [J]. 环境监测管理与技术，2003，15（1）：27–29.

[7] 沈亦龙，何品晶，邵立明. 太湖五里湖底泥污染特性研究 [J]. 长江流域资源与环境，2004，13（6）：584–588.

[8] 李文朝. 五里湖富营养化过程中水生生物及生态环境的演变 [J]. 湖泊科学，1996，8（增刊）：37–45.

[9] 年跃刚，史龙新，陈军. 重污染水体底泥环保疏浚与生态重建技术研究 [J]. 中国水利，2006，（17）：43–46.

[10] 陈开宁，包先明，史龙新，等. 太湖五里湖生态重建示范工程_大型围隔试验 [J]. 湖泊科学，2006，18（2）：139–149.

[11] 陈开宁，邹晶，陈晓峰，等. 五里湖富营养水体生态重建试验. 现代城市研究 [J]. 2005，（5）：47–52.

[12] 中国科学院南京地理研究所湖泊室. 江苏湖泊志 [M]. 南京：江苏科学技术出版社，1982：27–45.

[13] 金相灿. 湖泊富营养化调查规范 [M]. 北京：中国环境科学出版社，1990.

[14] 金相灿. 中国湖泊环境 [M]. 北京：海洋出版社，1995.

[15] 孙儒泳，李博，诸葛阳，等. 普通生态学 [M]. 北京：高等教育出版社，1993：123–127.

[16] 尚玉昌. 普通生态学（第二版）[M]. 北京：北京大学出版社，2002：90–91.

[17] 钱迎倩，马克平. 生物多样性研究的原理与方法 [M]. 北京：中国科学技术出版社，1994：32–39.

[18] 殷名称. 鱼类生态学 [M]. 北京：中国农业出版社，1997.

[19] 叶富良，张建东. 鱼类生态学 [M]. 广州：广东高等教育出版社，2002.

[20] 史为良. 内陆水域鱼类增殖和养殖学 [M]. 北京：中国农业出版社，1996.

[21] 谢平. 鲢、鳙与藻类水华控制 [M]. 北京：科学技术出版社，2003：54-116.

[22] 国家环保局《水和废水监测分析方法》编委会. 水和废水监测分析方法 [M]. 北京：中国环境科学出版社，2002：224-281.

[23] 梁彦龄，刘伙泉. 草型湖泊资源、环境与渔业生态学管理 [M]. 北京：海洋出版社，1995.

[24] 唐启义，冯明光. DPS 数据处理系统 [M]. 北京：科学出版社，2007：427-545.

[25] 韩茂森，束蕴芳. 中国淡水生物图谱 [M]. 北京：海洋出版社，1995.

[26] 何志辉. 淡水生态学 [M]. 北京：中国农业出版社，2000.

[27] 武汉大学环境科学系. 环境生物学 [M]. 武汉：武汉大学出版社，1987.

[28] 石岩，张喜勤，伏春艳，等. 浮游动物对净化湖泊富营养化的初步探讨 [J]. 东北水利水电，1998，164（3）：31-33.

[29] 张丽彬，王金鑫，王启山，等. 浮游动物在生物操纵法除藻中的作用研究 [J]. 生态环境，2007，16（6）：1648-1653.

[30] 年跃刚，聂志丹，陈军. 太湖五里湖生态恢复的理论与实践 [J]. 中国水利，2006，17：37-39.

[31] 施炜纲，刘凯，张敏莹，等. 春季禁渔期间长江下游鱼虾蟹类物种多样性变动（2001-2004 年）[J]. 湖泊科学，2005，17（2）：169-175.

[32] 金显仕，邓景耀. 莱州湾渔业资源群落结构和生物多样性的变化 [J]. 生物多样性，2000，8（1）：65-72.

[33] 沈红保，李科社，张敏. 黄河上游鱼类资源现状调查与分析 [J]. 河北渔业，2007，7：37-41.

[34] 陈自明，潘晓赋，孔德平，等. 独龙江流域冬季鱼类多样性及其分布特点 [J]. 动物学研究，2006，27（5）：505-512.

[35] 凌去非，李思发. 长江天鹅州故道鱼类群落种类多样性 [J]. 中国水产科学，1998，5（2）：1-5.

[36] 施炜纲，王利民. 长江下游水生动物群落生物多样变动趋势初探 [J]. 水生生物学报，2002，26（6）：654-661.

[37] 段金荣，张红燕，刘凯，等. 基于地理信息系统的滇池浮游植物生物多样性的研究 [J]. 浙江海洋学院学报（自然版），2006，25（3）：322-326.

[38] 邓景耀，金显仕. 莱州湾及黄河口水域渔业生物多样性及其保护研究 [J]. 动物学研究，2000，21（1）：76-82.

[39] 胡春英. 不同湖泊演替过程中浮游动物数量及多样性的研究 [J]. 水生生物学报，1999，23（3）：217-226.

[40] 孙晓明，孟庆闻. 鲢、鳙滤食及消化器官的发育、构造与食性的相互关系 [J]. 水产学报，1992，16（3）：202-212.

[41] 刘恩生. 太湖主要鱼类的食物组成 [J]. 水产学报，2008，32（3）：395–401.

[42] 于洪贤，柴方营. 泥河水库鲢、鳙鱼生长规律的研究 [J]. 水产学杂志，2000，13（2）：58–62.

[43] 邹清，吴生桂，高少波，等. 不同生长阶段鲢鳙体内氮、磷含量比较及分析 [J]. 水利渔业，2002，22（6）：33–34.

[44] 陈少莲，刘肖芳，华俐. 鲢、鳙在东湖生态系统的氮、磷循环中的作用 [J]. 水生生物学报，1991，15（1）：8–25.

[45] 杨宇峰等. 鲢鳙对浮游动物群落结构的影响 [J]. 湖泊科学，1992，4（3）：78–86.

[46] 罗清吉，石浚哲. 五里湖淤泥现状及生态清淤 [J]. 环境监测管理与技术，2003，15（1）：27–29.

[47] 张伏林，朱龙喜，丁专友，等. 无锡五里湖清淤底泥堆场防渗技术研究 [J]. 南通大学学报：自然科学版，2007，6（4）：31–35.

[48] 郭树松. 湖泊的宜渔性评价研究——以巢湖为例 [D]. 合肥：合肥工业大学，2007：1–12，21–40.

[49] 陈松林. 基于GIS的荒地资源适宜性评价 [J]. 福建地理，2001，16（1）：35–37.

[50] 邵祖峰. 用鱼骨图与层次分析法结合进行道路交通安全诊断 [J]. 中国人民公安大学学报：自然科学版，2003，9（6）：44–47.

[51] 胡社荣，许秋瑾，李英杰，等. 东五里湖基底条件和湖岸（底）类型对生态重建的影响 [J]. 环境科学研究，2004，17（增刊）：15–17.

[52] 杜宁，杨宁生，孙英泽. 基于GIS的池塘养殖适宜性评价 [J]. 中国水产科学，2008，15（3）：476–482.

[53] 夏敏，赵小敏，张家宝，等. 基于GIS的土地适宜性评价决策支持系统——以南京市江宁区淳化镇为例 [J]. 长江流域资源与环境，2006，15（3）：325–329.

[54] 王明翠，刘雪芹，张建辉. 湖泊富营养化评价方法及分级标准 [J]. 中国环境监测，2002，18（5）：47–49.

[55] 晏妮，王洋，潘鸿，等. 利用浮游植物群落结构特征评价乌江沙砣水电站库区水质状况 [J]. 贵州科学，2006，24（1）：67–72.

[56] 刘瑞祥，金山，常惠丽，等. 漳泽水库浮游植物及水体富营养化研究 [J]. 长治学院学报，2005，22（5）：11–13.

[57] 徐祖信，姜雅萍. 湖泊营养状态的综合水质标识指数评价及检验 [J]. 同济大学学报（自然科学版），2009，37（8）：1045–1048.

[58] 刘永，郭怀诚，戴永立，等. 湖泊生态系统健康评价方法研究 [J]. 环境科学学报，2004，24（4）：723–729.

[59] 胡志新，胡维平，谷孝鸿，等. 太湖湖泊生态系统健康评价 [J]. 湖泊科学，2005，17（3）：256–262.

[60] 米文宝，樊新刚，刘明丽. 宁夏沙湖水生生态系统健康评估 [J]. 生态学杂志，2007，

26（2）：296-300.

[61] 范荣亮，苏维词，张志娟. 生态系统健康影响因子及评价方法初探 [J]. 水土保持研究，2006，13（6）：82-86.

[62] 许文杰，许士国. 湖泊生态系统健康评价的熵权综合健康指数法 [J]. 水土保持研究，2008，15（1）：125-127.

[63] 董经纬，蒋菊生，阚丽艳. 产业生态系统健康评价初探 [J]. 现代农业科技. 2007（23）：218-219.

[64] 李春晖，郑小康，崔嵬，等. 衡水湖流域生态系统健康评价 [J]. 地理研究，2008，27（3）：565-573.

[65] 谢锋，张光生威小英. 五里湖湖滨带生态系统健康评价 [J]. 生态农业科学，2007，23（7）：506-509.

[66] 王宏，魏民，李环. 河流生态系统健康评价初探 [J]. 东北水利水电 2006，24（260）：52-53.

[67] 李强，杨莲芳，吴垛，等. 底栖动物完整性指数评价西苕溪溪流健康 [J]. 环境科学，2007，28（9）：2141-2147.

[68] 章家恩，骆世明. 农业生态系统健康的基本内涵及其评价指标 [J]. 应用生态学报，2004，15（8）：1473-1476.

[69] 卢志娟，裴洪平，汪勇. 西湖生态系统健康评价 [J]. 湖泊科学，2008，20（6）：802-805.

[70] 张虎军，吴蔚，王洁尘，等. 五里湖综合整治与水环境质量改善 [J]. 中国环境科学学会学术年会论文集，2009，392-394.

[71] 刘晶，等. 生物操纵理论与技术在富营养化湖泊治理中的应用 [J]. 生态科学，2005，24（2）：188-192.

[72] 秦伯强，等. 浅水湖泊生态系统恢复的理论与实践思考 [J]. 湖泊科学，2005，17（1）：9-16.

[73] 刘敏，等. 鲢、鳙非经典生物操纵作用的研究进展与应用现状 [J]. 水生态学杂志，2010，3（3）：99-103.

[74] 章铭，于谨磊，何虎，等. 太湖五里湖生态修复示范区水质改善效果分析 [J]. 生态科学，2012，31（3）：240-244.

[75] 柏祥，陈开宁，黄蔚，等. 五里湖水质现状与变化趋势 [J]. 水资源保护，2010，26（5）：6-10.

[76] 徐卫东，毛新伟，吴东浩，等. 太湖五里湖水生态修复效果分析评估 [J]. 水利发展研究 2012，（8）：60-63.

[77] 此里能布，毛建忠，黄少峰. 经典与非经典生物操纵理论及其应用 [J]. 生态科学，2012，31（1）：86-90.

[78] 蔡琳琳，朱广伟，王永平，等. 五里湖综合整治对湖水水质的影响 [J]. 河海大学学报（自然科学版），2011，39（5）：482-488.

发表相关论文

1. 张红燕，贺艳辉，龚赟翀，袁永明. 蠡湖鱼类种质资源信息平台的初步研究. 农业网络信息，2007，（2）：21–23.

2. 曹晓东，沈勇平，孟顺龙，范立民，段金荣. 蠡湖昀水生态修复与现状. 科学养鱼，2008，（10）：3–4.

3. 陈家长，孟顺龙，尤洋，胡庚东，瞿建宏，吴伟，范立民，马晓燕. 太湖五里湖浮游植物群落结构特征分析. 生态环境学报，2009，18（4）：1358–1367.

4. 孟顺龙、陈家长 *，胡庚东，瞿建宏，吴伟，范立民，马晓燕. 滤食性动物放流对西五里湖的生态修复作用初探. 中国农学通报，2009，25（16）：225–230.

5. 孟顺龙，陈家长 *，范立民，胡庚东，瞿建宏，吴伟，马晓燕. 2007 年太湖五里湖浮游植物生态学特征. 湖泊科学，2009，21（6）：845–854.

6. 刘敬群，陈家长 *. 在太湖中栽种沉水植物能使水变清吗？生态学报，2009，29（5）：2764–2766.

7. 段金荣，张红燕，刘凯，徐东坡，张敏莹，施炜纲 *. 蠡湖渔业资源群落多样性的初步研究. 上海海洋大学学报，2009，18（2）：243–247.

8. 段金荣，刘凯，徐东坡，张敏莹，施炜纲 *. 湖鲚不同生长阶段鱼体肌肉组成的比较研究. 云南农业大学学报，2009，24（5）：695–699.

9. 段金荣，刘凯，徐东坡，张敏莹，施炜纲 *. 鲢鳙鱼和藻类治理关系的初步研究. 中国农学通报，2009，25（20）：327–330.

10. 张红燕，袁永明，贺艳辉，龚赟翀. 蠡湖鱼类群落结构及物种多样性的空间特征. 云南农业大学学报. 2010，25（1）：22–28.

11. 胡海彦，张宪中，曹晓东，邴旭文，戈贤平 *. 蠡湖鲢鳙鱼生长的研究. 中国农学通报，2010，26（6）：337–339.

12. 段金荣，张红燕，刘凯，徐东坡，张敏莹，施炜纲 *. 湖泊的宜渔性评价研究—以蠡湖为例. 长江流域资源与环境，2010，19（6）：666–670.

13. 段金荣，张红燕，刘凯，徐东坡，张敏莹，施炜纲 *. 蠡湖增殖放流适宜地评价. 云南农业大学学报，2010，25（4）：578–582.

14. 孟顺龙，陈家长 *，胡庚东，瞿建宏，吴伟，范立民，马晓燕. 太湖蠡湖浮游植物群落特征及其对水质的评价. 长江流域资源与环境，2010，19（1）：30–28.

15. 段金荣，张红燕，刘凯，徐东坡，张敏莹，施炜纲 *. 蠡湖水生动物栖息地适宜性评估. 上海海洋大学学报，2010，19（1）：116–119.

16. 张宪中，胡海彦，曹晓东，沈勇平，邴旭文 *. 五里湖鱼类资源群落结构及生物多样性的时空分析. 大连海洋大学学报，2010，25（4）：314–319.

17. 陈家长 *，孟顺龙，胡庚东，瞿建宏，吴伟，范立民，马晓燕，裘丽萍. 温度对两种蓝藻种间竞争和影响. 生态学杂志，2010，29（3）：454–459.

18. 孟顺龙，陈家长 *，胡庚东，瞿建宏，吴伟，范立民，马晓燕. 2008 年太湖梅梁湾浮游植物群落周年变化. 湖泊科学，2010，22（4）：577–584.

19. 胡海彦，狄瑜，赵永锋，宋迁红，邴旭文 *. 蠡湖 4 种鲌鱼形态特征的比较研究. 云南农业大学学报，2011，26（4）：488–494.

20. 黄孝锋，邴旭文，张宪中. EwE 模型在评价渔业水域生态系统中的应用. 生态学杂志，2011，32（6）：125–129.

21. 范立民，吴伟，胡庚东，瞿建宏，孟顺龙，宋超，裘丽苹，陈家长 *. 五里湖生态系统健康评价初探. 中国农学通报，2012，28（2）：195–199.

22. 黄孝锋，邴旭文，陈家长. 五里湖生态系统能量流动模型初探. 上海海洋大学学报，2012，21（1）：78–85.

23. 黄孝锋，邴旭文，陈家长. 基于 Ecoapth 模型的五里湖生态系统营养结构和能量流动的研究. 中国水产科学，2012，19（3）：471–481.

24. 孟顺龙，裘丽萍，胡庚东，瞿建宏，范立民，宋超，陈家长 *，徐跑 *. 氮磷比对两种蓝藻生长及竞争的影响. 农业环境科学学报. 2012，31（7）：1438–1444.

25. 孟顺龙，裘丽萍，陈家长 *，徐跑 *. 污水化学沉淀法除磷研究进展. 中国农学通报. 2012，28（35）：264–268.

26. 孟顺龙，瞿建宏，裘丽萍，胡庚东，范立民，宋超，吴伟，陈家长 *，徐跑 *. 富营养化水体降磷对浮游植物群落结构特征的影响. 生态环境学报. 2013，22（9）：1578–1582.

27. 王菁，陈家长，孟顺龙. 环境因素对藻类生长竞争的影响. 中国农学通报. 2013，29（17）：52–56.

注：* 为通讯作者。

发明专利

序　号	发明专利名称	专 利 号	授 权 日
1	一种轮虫类、枝角类与桡足类浮游动物的采集方法	ZL 2009 1 0036288.7	2011 年 4 月 20 日
2	一种大银鱼苗种培育方法	ZL 2008 1 0020091.X	2011 年 4 月 27 日
3	一种淡水环境重金属汞污染的贝类监测方法	ZL 2007 1 0131142.1	2011 年 6 月 22 日
4	一种浅水湖泊中增殖着生藻类的方法	ZL 2011 1 0193567.1	2013 年 3 月 27 日
5	一种仔稚鱼快速分类鉴定方法	ZL 2011 1 0145486.4	2013 年 6 月 26 日
6	一种适用于过水性湖泊的鱼类早期资源浮岛	ZL 2013 1 0252973.X	2014 年 12 月 24 日
7	一种测定鱼类在水流刺激下行为特征及呼吸代谢水平的实验装置	ZL 2013 1 0091766.0	2015 年 6 月 10 日

实用新型专利

序　号	实用新型专利名称	专 利 号	授 权 日
1	一种水生生物的测量箱	ZL 2011 2 0182108.9	2012 年 2 月 22 日
2	一种仔幼鱼耳石解剖	ZL 2011 2 0243886.4	2012 年 3 月 7 日
3	一种浮游植物浓缩固定架	ZL 2011 2 0250114.3	2012 年 8 月 7 日
4	着生藻类收集器	ZL 2011 2 0182449.6	2012 年 3 月 14 日
5	一种基于 RFID 的鱼类信息收集系统	ZL 2011 2 0260958.6	2012 年 3 月 21 日
6	一种用于垂直方向采集仔稚鱼的延伸支架	ZL 2011 2 0199155.4	2012 年 5 月 9 日
7	一种半浮性鱼卵的自动收集装置	ZL 2011 2 0294802.X	2012 年 5 月 9 日
8	一种秀丽白虾虾卵离体批量孵化装置	ZL 2011 2 0350630.3	2012 年 5 月 23 日

（续表）

序　号	实用新型专利名称	专　利　号	授　权　日
9	一种用于近岸浅水区仔稚鱼采集的可延伸网具	ZL 2011 2 0362701.1	2012 年 5 月 30 日
10	数显式鱼体生物学测定仪	ZL 2011 2 0362932.2	2012 年 5 月 30 日
11	一种三维鱼类模型的拍摄装置	ZL 2011 2 0362910.6	2012 年 5 月 30 日
12	一种抱卵虾类苗种收集暂养装置	ZL 2011 2 0362704.5	2012 年 5 月 30 日
13	一种水草刈割工具	ZL 2012 2 0586272.0	2013 年 4 月 24 日
14	一种测定鱼类对水流刺激反应的实验装置	ZL 2012 2 0732987.2	2013 年 7 月 24 日
15	一种测定鱼类在水流刺激下行为特征及呼吸代谢水平的实验装置	ZL 2013 2 0131257.1	2013 年 8 月 28 日
16	一种适用于过水性湖泊的鱼类早期资源浮岛	ZL 2013 2 0367527.9	2013 年 12 月 25 日
17	一种鱼苗采集装置	ZL 2014 2 0398089.7	2014 年 12 月 26 日
18	一种无鳞鱼测量装置	ZL 2014 2 0786961.5	2015 年 4 月 22 日